物联网工程专业系列教材

无线传感网络实训教程

主　编　谢忠敏　刘和文　文　燕

副主编　张清丰　李　雪　付克兰　邹承俊　张国芳

中国水利水电出版社
www.waterpub.com.cn
·北京·

内 容 提 要

本书将专业理论知识与实际操作相结合、技能与经验相结合、实训与就业相结合，以图文并茂、易学易操作的原则，围绕物联网的传感器数据采集和控制，结合高职院校技能大赛涉及的关键技术搭建了一个完整的教学和实训体系，指导物联网综合实训平台的正确使用。本书包含CC2530开发平台搭建、CC2530基础实验、基于Z-Stack协议栈的综合实训三部分内容。

本书主要作为高等院校物联网技术应用专业无线传感网络、ZigBee开发等课程的实验教材，也可作为高等职业院校物联网应用技术、电子信息工程技术、嵌入式技术、通信技术、计算机应用、软件设计等相关专业的教学参考书，还可作为物联网相关工程技术人员学习物联网技术、设计开发物联网应用系统的参考书。

图书在版编目（CIP）数据

无线传感网络实训教程 / 谢忠敏，刘和文，文燕主编. -- 北京 : 中国水利水电出版社，2017.12（2020.3重印）
物联网工程专业系列教材
ISBN 978-7-5170-6204-2

Ⅰ. ①无… Ⅱ. ①谢… ②刘… ③文… Ⅲ. ①无线电通信－传感器－高等职业教育－教材 Ⅳ. ①TP212

中国版本图书馆CIP数据核字(2017)第326338号

策划编辑：寇文杰　责任编辑：高　辉　加工编辑：孟　宏　封面设计：李　佳

书　名	物联网工程专业系列教材 无线传感网络实训教程 WUXIAN CHUANGAN WANGLUO SHIXUN JIAOCHENG
作　者	主　编　谢忠敏　刘和文　文　燕 副主编　张清丰　李　雪　付克兰　邹承俊　张国芳
出版发行	中国水利水电出版社 （北京市海淀区玉渊潭南路1号D座　100038） 网址：www.waterpub.com.cn E-mail：mchannel@263.net（万水） sales@waterpub.com.cn 电话：（010）68367658（营销中心）、82562819（万水）
经　售	全国各地新华书店和相关出版物销售网点
排　版	北京万水电子信息有限公司
印　刷	三河市铭浩彩色印装有限公司
规　格	184mm×260mm　16开本　8.25印张　204千字
版　次	2017年12月第1版　2020年3月第2次印刷
印　数	1001—2000册
定　价	20.00元

前　言

物联网被称为继计算机、互联网之后世界信息产业发展的第三次浪潮。物联网产业发展需要不同层次的人才；高等职业院校适合培养工程技术应用型人才。为了培养出高素质的技术技能型人才，并使学生更好地将所学的专业知识应用到具体的工程实践中，作者根据成都农业科技职业学院校企合作建设的物联网实验室（成都市市级重点实验室）物联网综合实训平台的实际使用，结合多年的教学和工程经验，编写了本书。

本书以专业理论知识与实际操作相结合、技能与经验相结合、实训与就业相结合，以图文并茂、易学易操作的原则，围绕物联网的传感器数据采集和控制，结合高职院校技能大赛涉及的关键技术搭建了一个完整的教学和实训体系，指导物联网综合实训平台的正确使用。本书包含 CC2530 开发平台搭建、CC2530 基础实验、基于 Z-Stack 协议栈的综合实训三部分内容。CC2530 基础实验部分介绍其基本控制功能的编程使用方法，并利用 CC2530 进行数据采集和控制。两个综合实训分别实现温度传感器数据采集传输和无线控制继电器的开与关。

本书主要作为高等院校物联网技术应用专业无线传感网络、ZigBee 开发等课程的实验教材，也可作为高等职业院校物联网应用技术、电子信息工程技术、嵌入式技术、通信技术、计算机应用、软件设计等相关专业的教学参考书，还可作为物联网相关工程技术人员学习物联网技术、设计开发物联网应用系统的参考书。

学时建议：依据学生基础情况，可以酌情选取内容安排实验，总课时安排在 30～40 学时左右。

本书采用校企合作的方式，由成都农业科技职业学院一线专业课教师和实验平台设备与配件提供方共同编写。其中本书主要核心单元由谢忠敏、刘和文、文燕编写，张清丰、李雪、付克兰、邹承俊参与部分单元的编写以及文字修订与编辑工作，张国芳参与编写了实验一和综合实训一，并从尊重和保护知识产权、规避法律纠纷的角度提出了部分章节的修改建议。特别感谢无锡泛太科技有限公司和成都知用科技有限公司在本书编写和实践验证过程中提供的技术支持和帮助，同时特别感谢成都农业科技职业学院教务处和招生就业处对教材出版给予的大力支持。

由于本书内容涉及多个专业技术领域（主要针对成都农业科技职业学院物联网实训平台），加之作者水平有限及时间仓促，书中如有不妥之处，敬请读者批评指正。

编　者

2017 年 11 月

目　录

实验一　IAR 开发环境的安装

1．实验目的

通过本实验的学习，掌握 IAR 开发环境的安装方法。

2．实验环境

安装有 Windows 的计算机。

3．实验内容

正确安装 IAR 开发环境。

4．背景需求

CC2530 的基础实验和基于 Z-Stack 协议栈的传输实验均是在 IAR 开发环境上编辑、编译、下载调试的。

5．实验步骤

（1）双击 CD-EW8051-751A 目录下的 autorun.exe 图标，弹出安装启动界面，如图 1-1 所示。

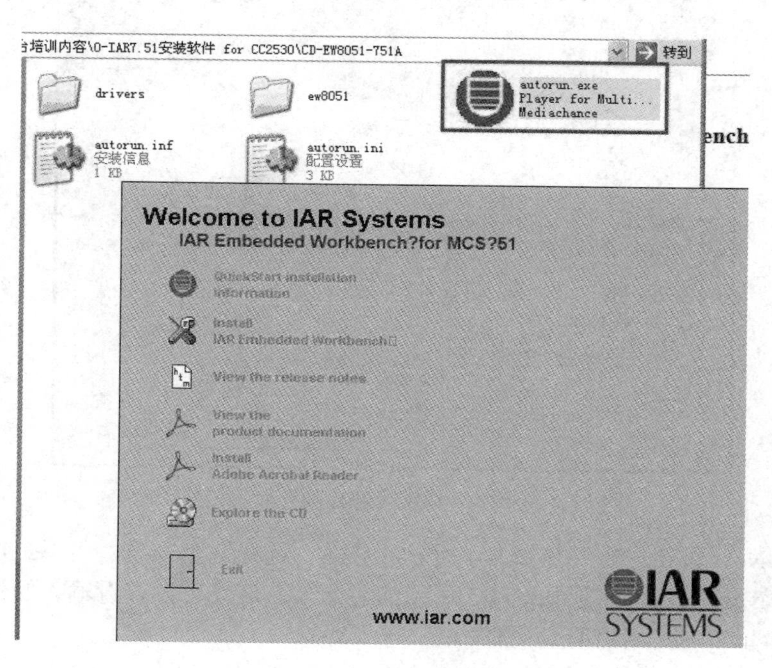

图 1-1　IAR 安装启动界面

（2）执行图 1-1 中的 Install IAR Embedded Workbench 命令，弹出如图 1-2 所示的界面。

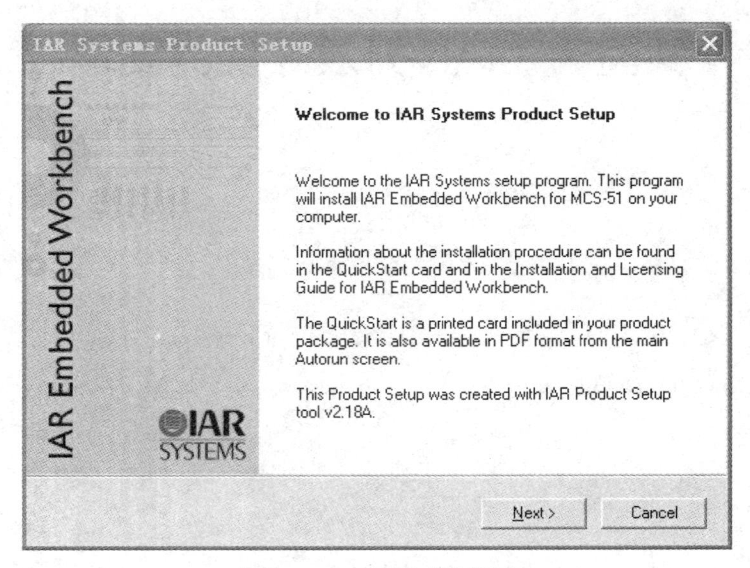

图 1-2　IAR 开始安装界面

（3）单击 Next 按钮，分别填写名字、公司以及授权号。

（4）单击 Next 按钮，将 License Key 复制到 IAR 安装向导中对应的框中。

（5）输入认证序列以及序列密钥后单击 Next 按钮，出现如图 1-3 所示的界面，选择安装路径，这里选择安装在 C 盘下。

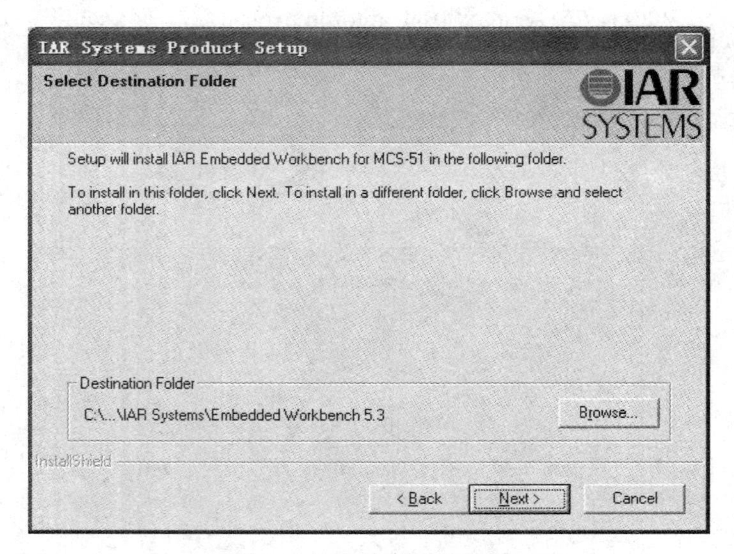

图 1-3　IAR 安装目录界面

（6）单击 Next 按钮，出现如图 1-4 所示的界面，选择完全安装，而不是自定义安装。

（7）单击 Next 按钮，出现如图 1-5 所示的界面，在这里可以查看输入的信息是否正确，如果需要修改，单击 Back 按钮返回修改。

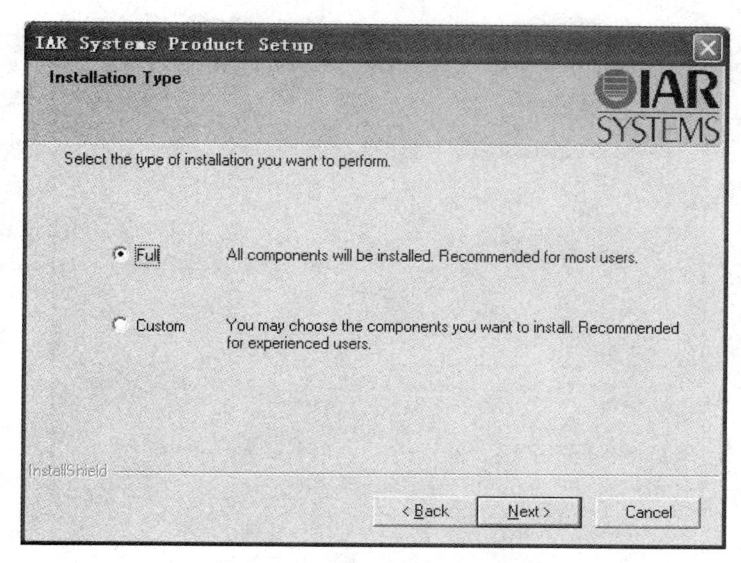

图 1-4　IAR 安装类型选择界面

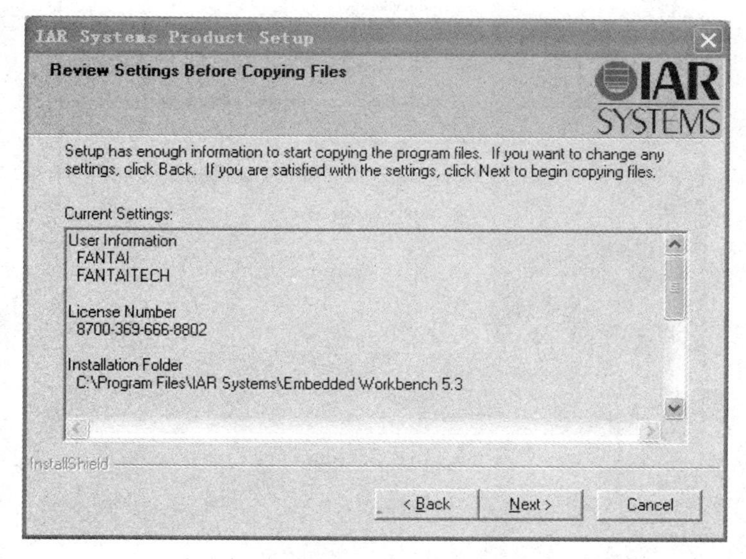

图 1-5　IAR 安装选项确认界面

（8）单击 Next 按钮开始安装，此处可看到安装进度，如图 1-6 所示，安装将需要几分钟时间。

（9）当进度达到 100%时，将跳到下一个界面，在此可以选择查看 IAR 介绍以及是否立即运行 IAR 集成开发环境，如图 1-7 所示，单击 Finish 按钮完成安装。

（10）完成安装后，即可从“开始”→“程序”菜单中找到刚刚安装的 IAR 软件，如图 1-8 所示。

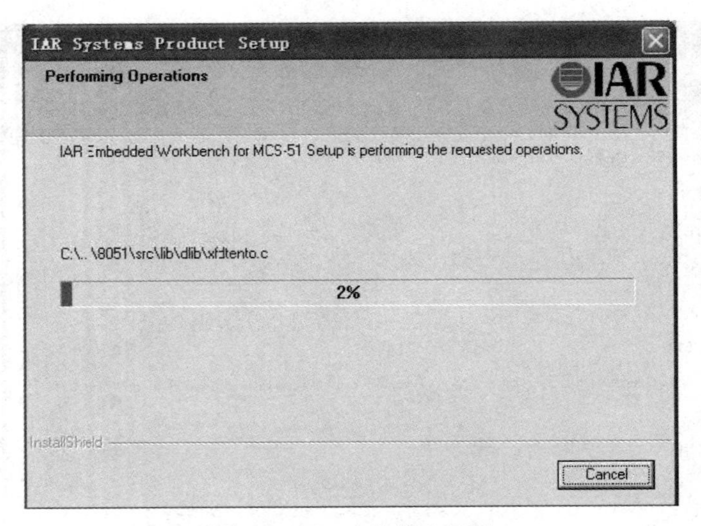

图 1-6 IAR 安装进度界面

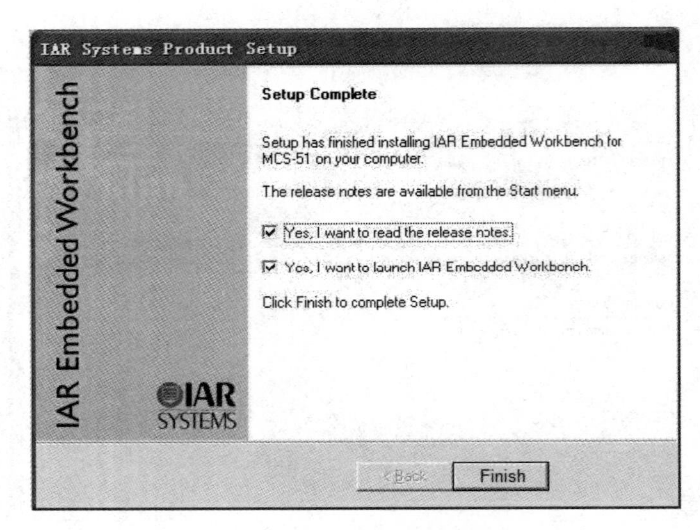

图 1-7 IAR 安装完成界面

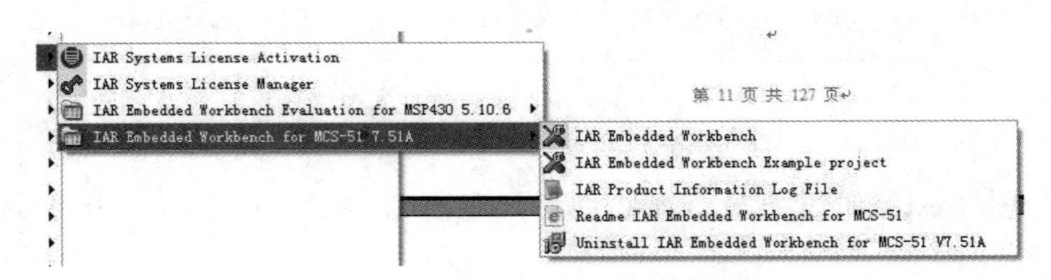

图 1-8 程序菜单启动 IAR 界面

现在就可以通过桌面的快捷方式或在“开始”菜单中选择运行程序来启动 IAR 软件开发环境了。

实验二　新建工程和配置工程

1．实验目的

通过本实验的学习，熟悉如何使用 CC2530 的软件开发环境 IAR Embedded Workbench for MCS-51 V7.51A 新建一个工程，配置工程以完成自己的设计和调试。

注意：本实验只是讲解如何基于 IAR 来新建一个工程，其他关于 IAR 的使用，请参照 IAR 开发环境的使用手册，IAR 的详细说明文档请到 IAR 官方网站或者 IAR 安装文件夹下查找（x:\Program Files\IAR Systems\Embedded Workbench 5.3\8051\doc）。

2．实验内容

控制 FANTAI_ZigBee 开发评估板上的 LED 灯闪烁。

3．实验设备

（1）在用户计算机（Microsoft Windows XP 以上系统平台）上正确安装 IAR Embedded Workbench for MCS-51 V7.51A 集成开发环境。

（2）FANTAI_ZigBee 开发评估板（插有 FANTAI_CC2530 模块）一个。

（3）FANTAI-CC Debugger 多功能仿真器/调试器一个。

（4）USB 下载线缆。

本教材只有实验二用到泛太 CC2530 评估板，其余实验均基于泛太 CC2530 协调器板，如图 2-1 所示。

（a）泛太 CC2530 评估板

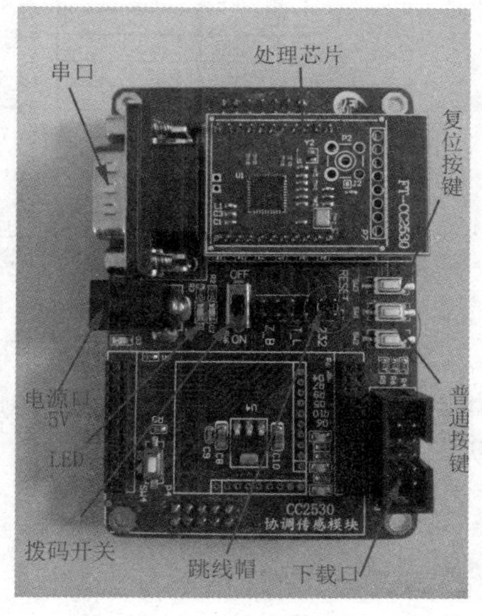

（b）泛太 CC2530 协调器板

图 2-1

两个板子对于 LED 灯的引脚连接和高低电平控制是不同的，具体情况是：
评估板 P1.0 控制 D1（GLED），P1.1 控制 D2（RLED），高电平有效；
协调器板 P0.0 控制 D2（RLED），P0.1 控制 D1（GLED），低电平有效。

4．实验原理

FANTAI_ZigBee 开发评估板接口原理、相关 I/O 口连接关系如图 2-2 所示。

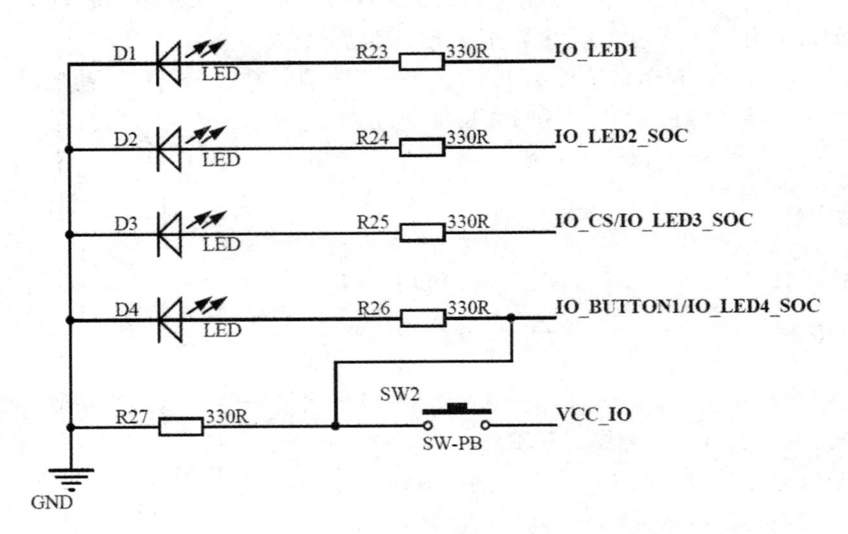

（a）接口原理

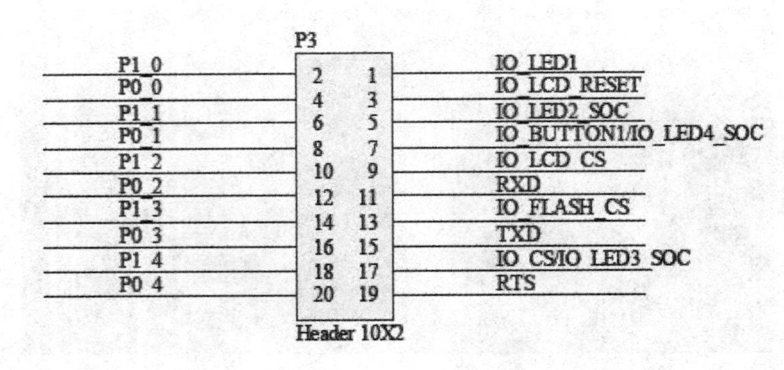

（b）I/O 口连接关系

图 2-2　FANTAI_ZigBee 开发评估板

D1 用户指示灯由 CC2530 的 P1.0 引脚控制。P1.0 输出高电平时 D1 点亮，输出低电平时 D1 熄灭。

5．实验步骤

（1）建立一个新的工程。

打开 IAR 集成开发环境，如图 2-3 所示，显示如图 2-4 所示的窗口，选择 Create new project in current workspace 命令，显示建立新工程对话框，如图 2-5 所示。在 Tool chain 下拉列表框中选择 8051，在 Project templates 栏选择 Empty project 项，然后单击 OK 按钮。根据需要选择工程保存的位置，更改工程名称，如 LEDtest，然后单击“保存”按钮，如图 2-6 所示。这样就建立了一个新的工程。

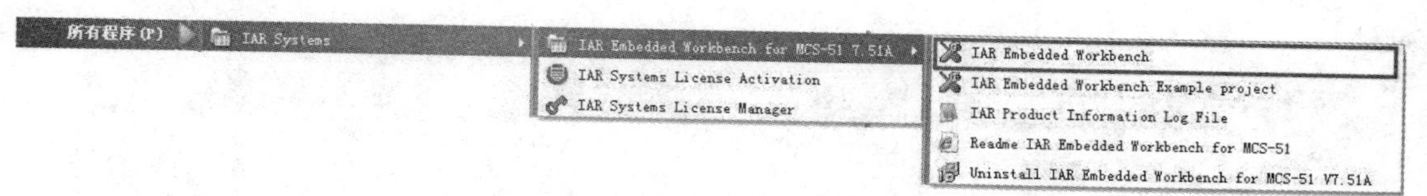

图 2-3 IAR 打开路径

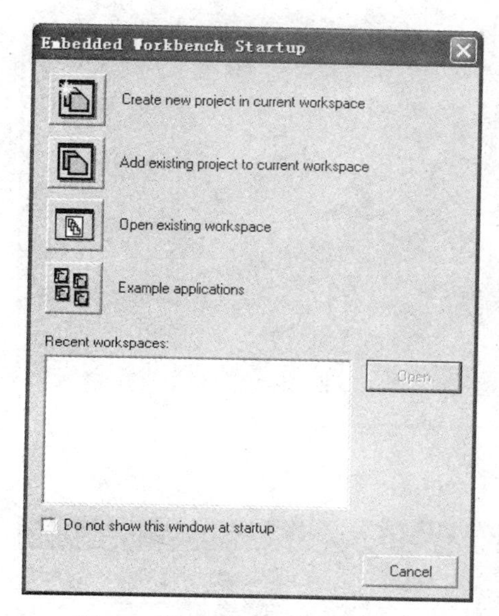

图 2-4 当前窗口创建新的工程

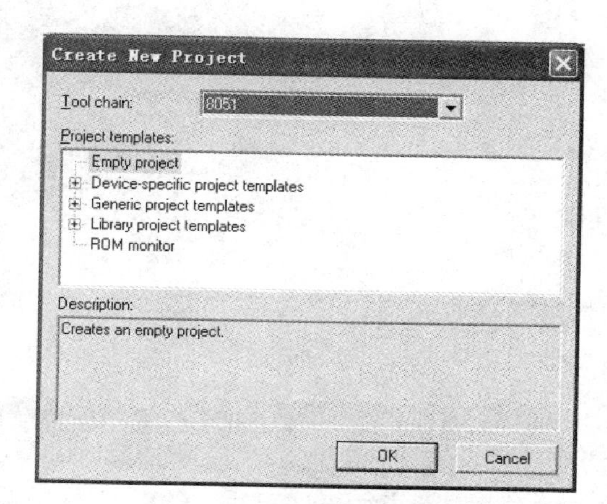

图 2-5 新建工程对话框

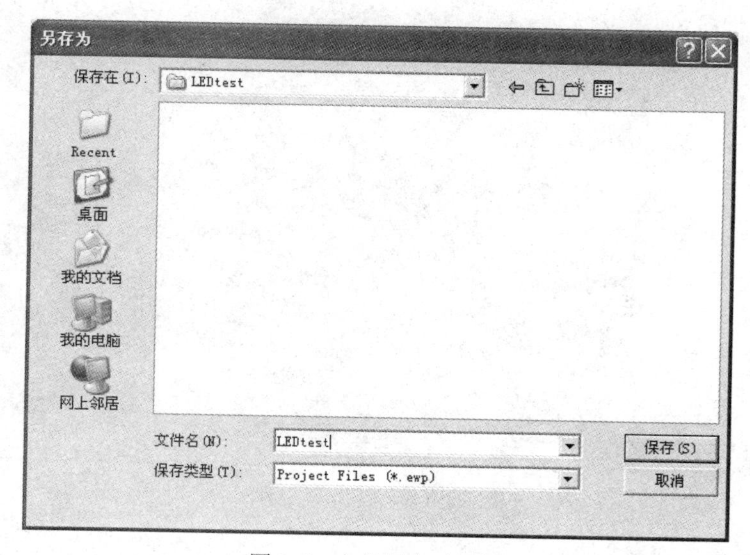

图 2-6 文件保存对话框

IAR 产生两个创建配置：调试（Debug）和发布（Release），如图 2-7 所示。本实验只使用 Debug 配置。单击菜单栏上的“保存”按钮，如图 2-8 所示，保存工作区文件，需指定工作区文件名和存放路径，本实验把它放到新建的工程目录下，然后单击“保存”按钮，如图 2-9 所示。

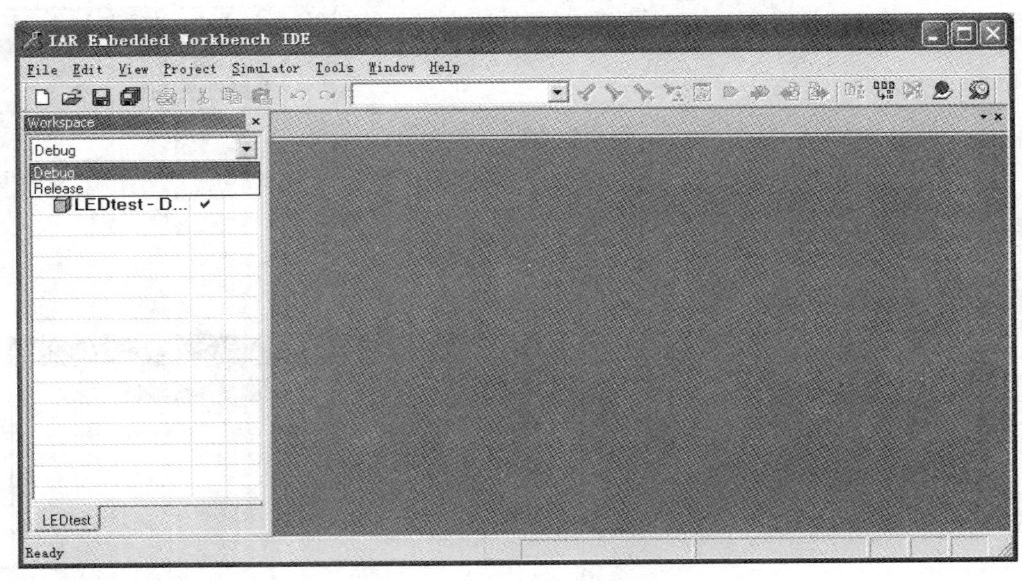

图 2-7 工作区界面

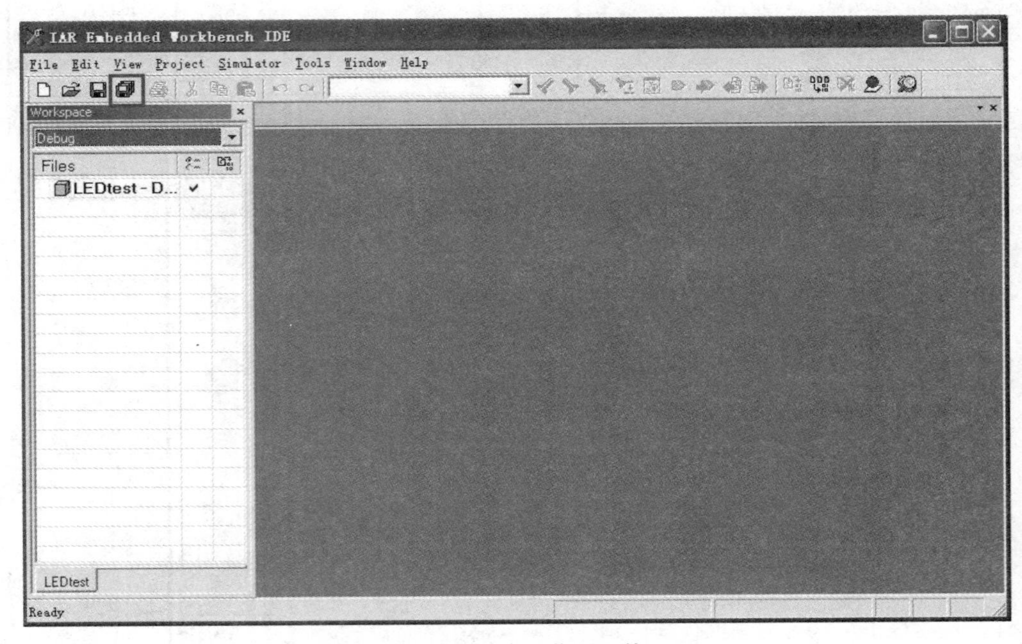

图 2-8 保存工作区文件

（2）添加或新建程序文件。

一个新的工程建立成功了，就可以向工程里面添加程序文件。如果用户有现成的程序文件，那么可以选择菜单 Project→Add Files 添加已有的程序文件，如图 2-10 所示；也可以在工作区窗口中单击鼠标右键，在弹出的快捷菜单中选择 Add→Add Files 添加已有的文件，如图 2-11 所示。

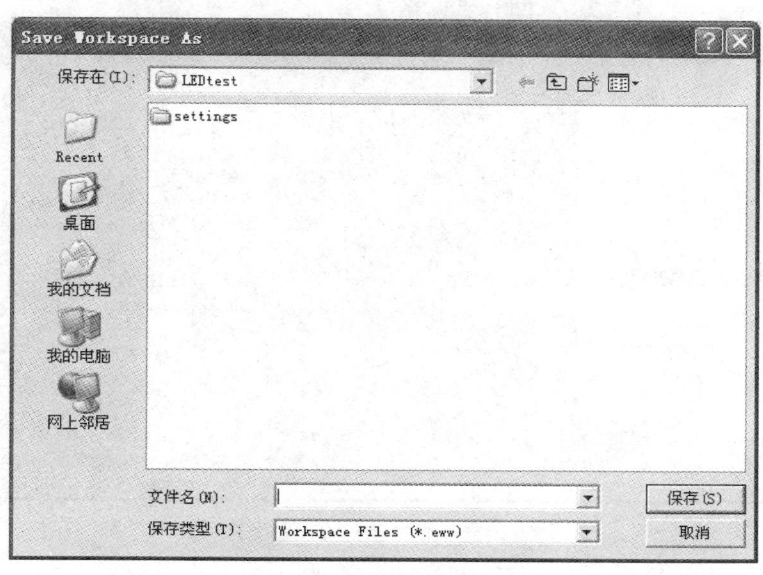

图 2-9　工作区文件保存对话框

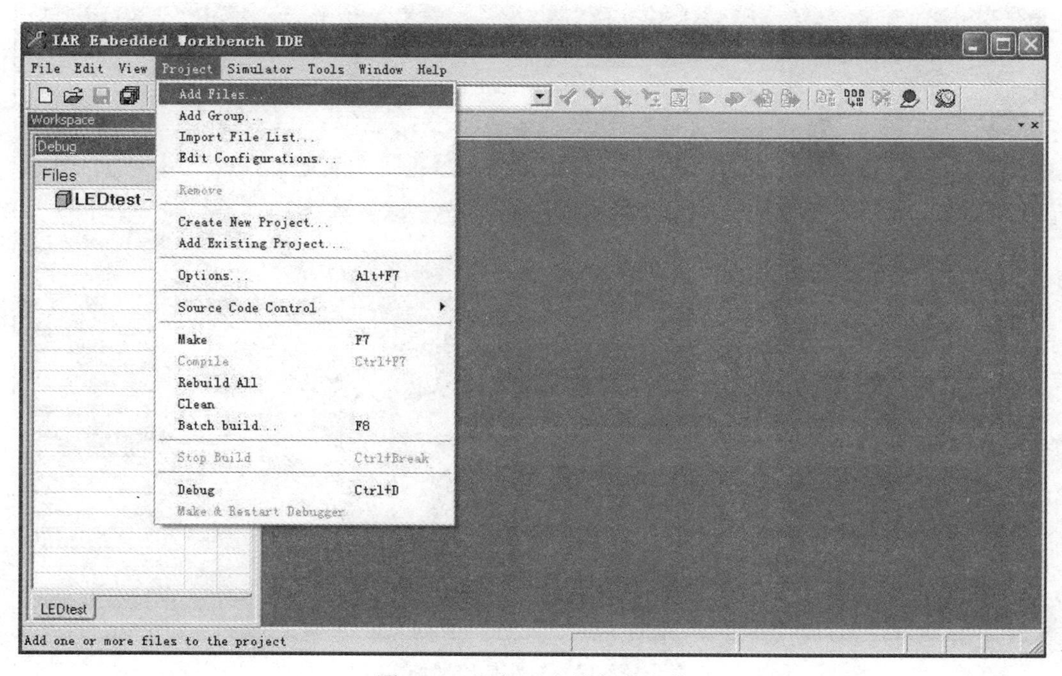

图 2-10　添加已有的程序文件

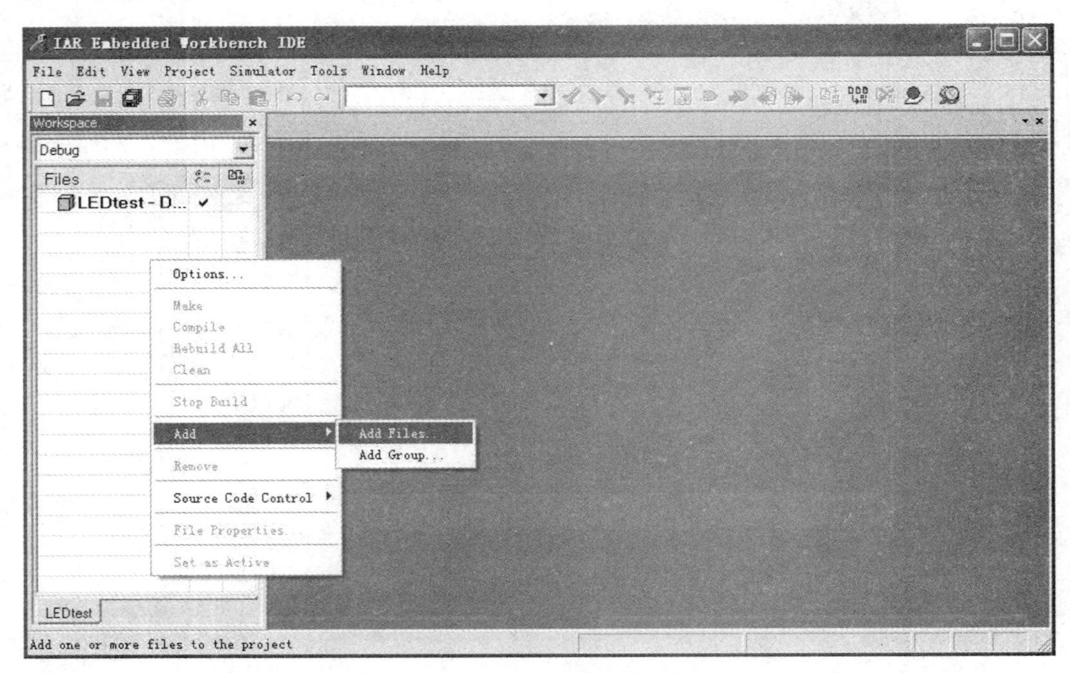

图 2-11 添加已有的程序文件

如果没有编辑好的程序文件，可以单击工具栏上的新建按钮或选择菜单 File→New→File 新建一个空的文件，如图 2-12 所示，然后向这个文件里添加程序代码。

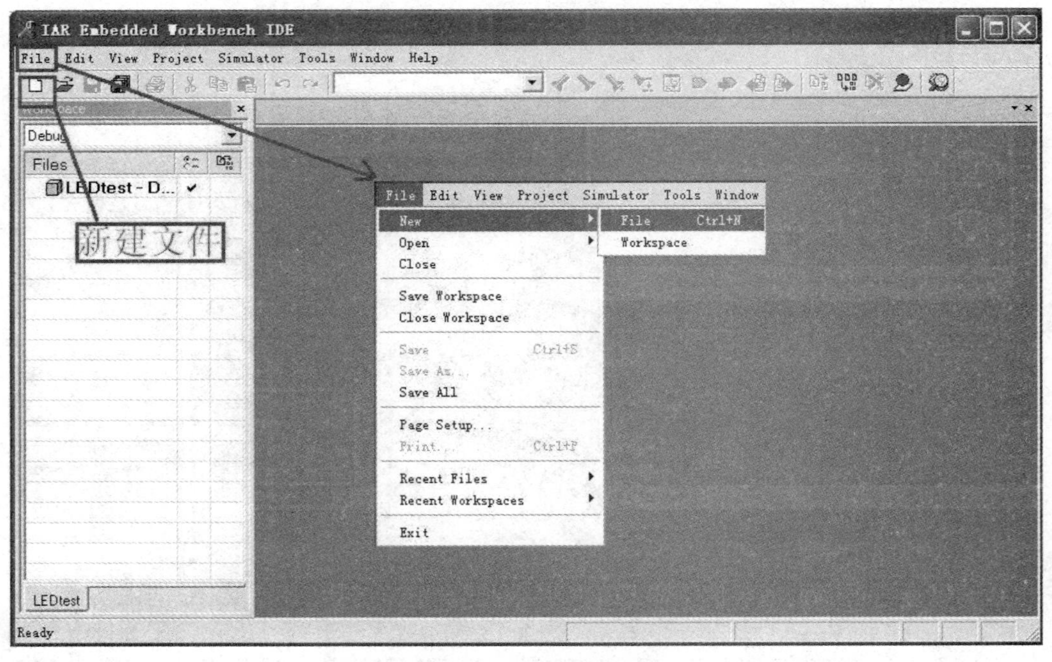

图 2-12 新建程序文件

程序清单：

```
/* 包含头文件 */
#include "ioCC2530.h"   // 引用头文件

/******************************************************************
 * 函数名称：delay
 * 功能：软件延时
 * 入口参数：无
 * 出口参数：无
 * 返回值：无
 ******************************************************************/
void delay(void)
{
  unsigned int i;
  unsigned char j;

  for(i = 0; i < 1000; i++)
  {
    for(j = 0; j < 200; j++)
    {
      asm("NOP");
      asm("NOP");
      asm("NOP");
    }
  }
}

/******************************************************************
 * 函数名称：main
 * 功能：main 函数入口
 * 入口参数：无
 * 出口参数：无
 * 返回值：无
 ******************************************************************/
void main(void)
{
  P1SEL &= ~(0x01 << 0);         //设置 P1.0 为普通 I/O 口
  P1DIR |= 0x01 << 0;            //设置为输出

  while(1)
  {
    P1_0 ^= 1;
    delay();
  }
}
```

在新建的程序文件里添加代码后，窗口如图 2-13 所示。选择菜单 File→Save 命令，打开保存对话框保存程序文件。新建一个 source 文件夹，然后将程序文件保存到该目录下，同时修改文件名，如图 2-14 和图 2-15 所示。

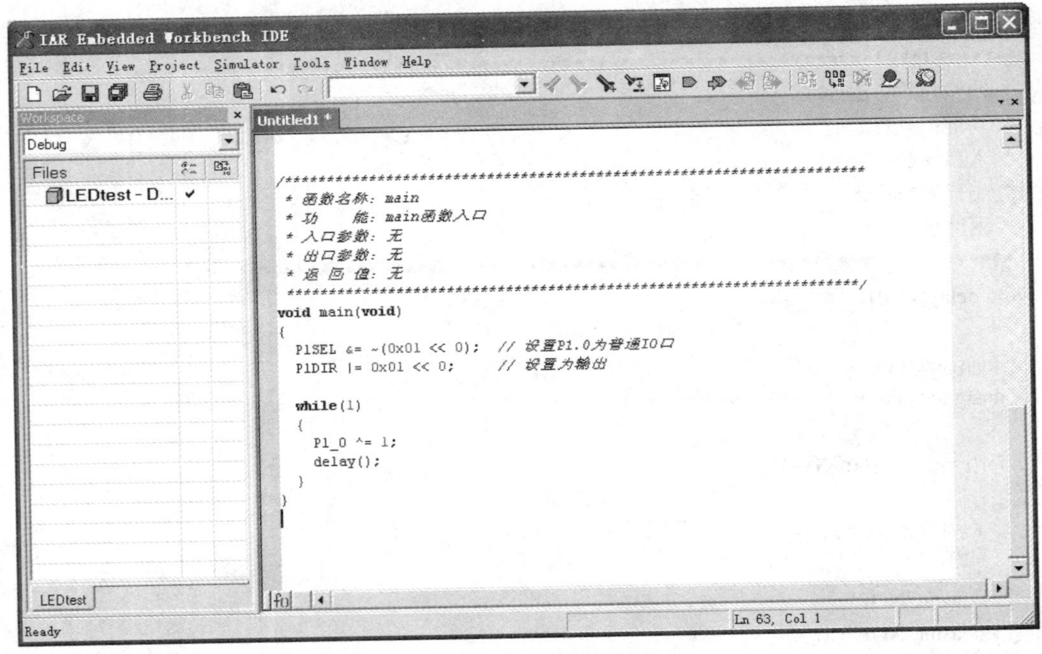

图 2-13　添加代码界面

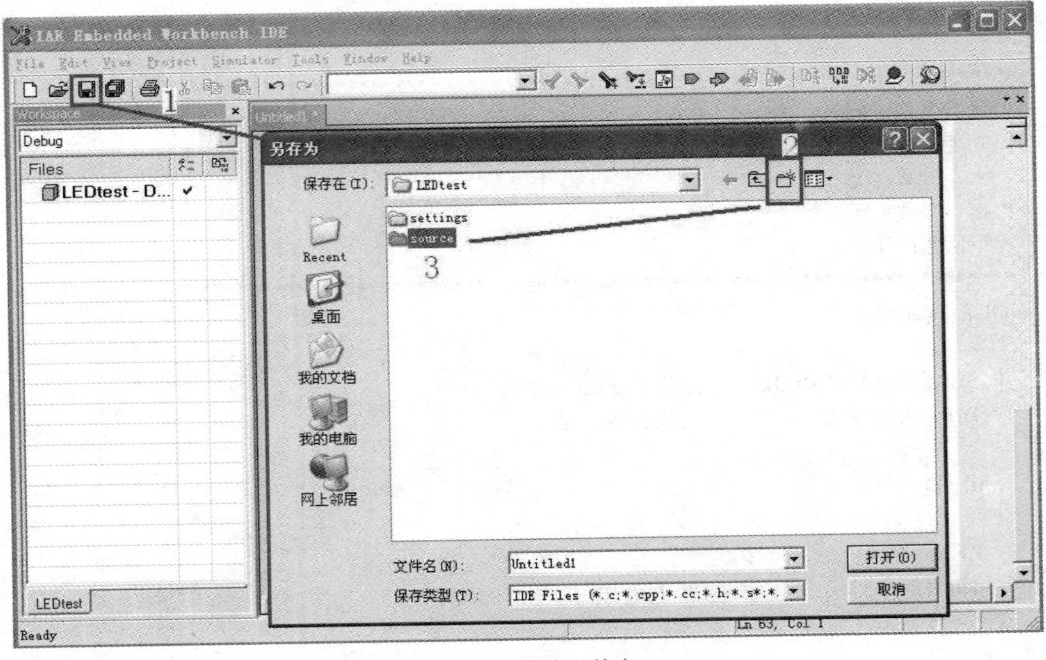

图 2-14　新建文件夹

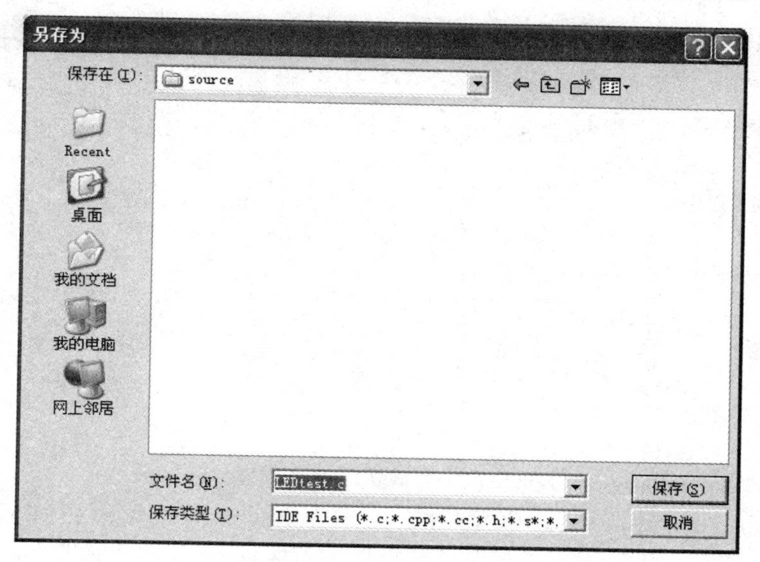

图 2-15　保存程序文件

单击 WorkSpace 区中的 LEDtest 工程文件名，然后右击鼠标添加工程文件，如图 2-16 所示。

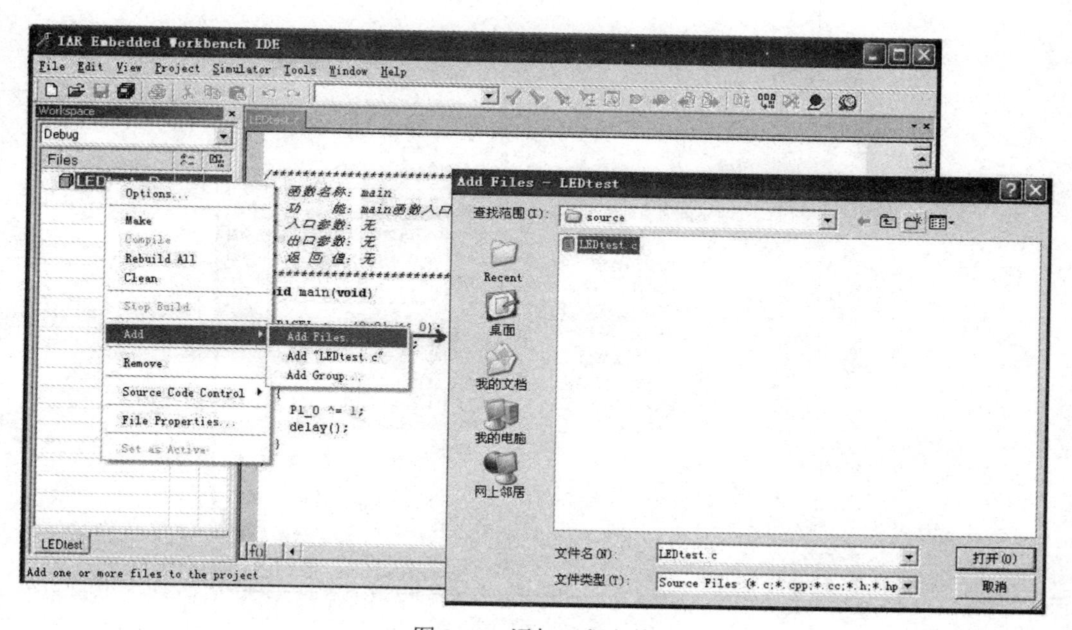

图 2-16　添加工程文件

添加完工程文件后，整个工程界面如图 2-17 所示。

（3）配置工程设置。

配置工程编译和文件输出等选项设置，选择菜单 Project→Options 命令来对工程进行配置；也可以在工作区窗口中右击鼠标，在弹出的快捷菜单中选择 Options 命令来实现配置，如图 2-18 所示。

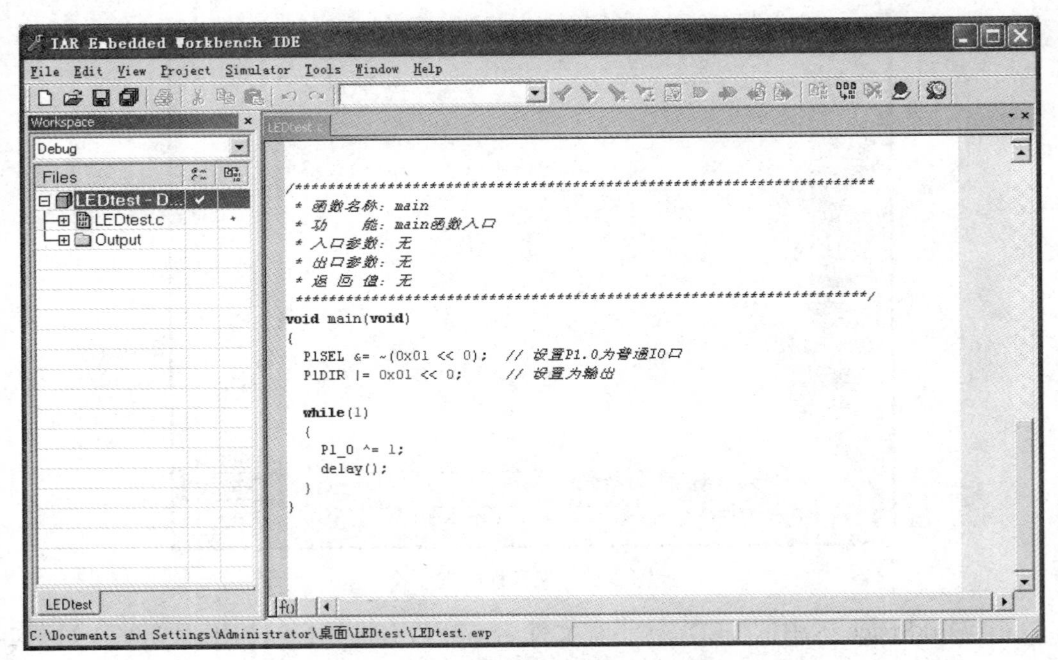

图 2-17　添加工程文件后的界面

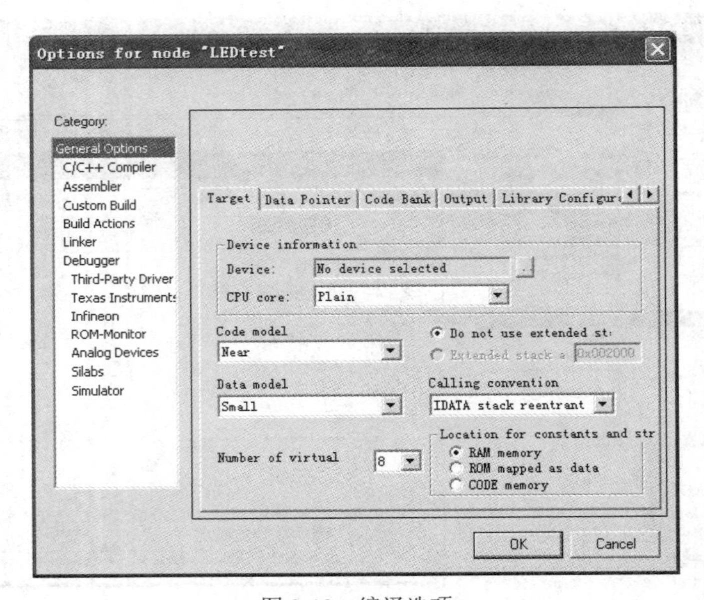

图 2-18　编译选项

1）配置 General Options 选项中的相关项目。

在窗口左侧的 Category 列表框中选择 General Options 选项，在窗口右侧将会显示该选项相应的选项卡，如图 2-18 所示。

选择 Target 选项卡，设置相关选项：在 Target 的子栏目 Device information 中选择 Device 为 CC2530 设备，单击右端按钮，在弹出的对话框中选择正确的设备信息，选择路径为 x:\Program Files\IAR Systems\Embedded Workbench 5.3\8051\config\devices\Texas Instruments\

CC2530.i51，其他选项保持不变，如图 2-19 所示。

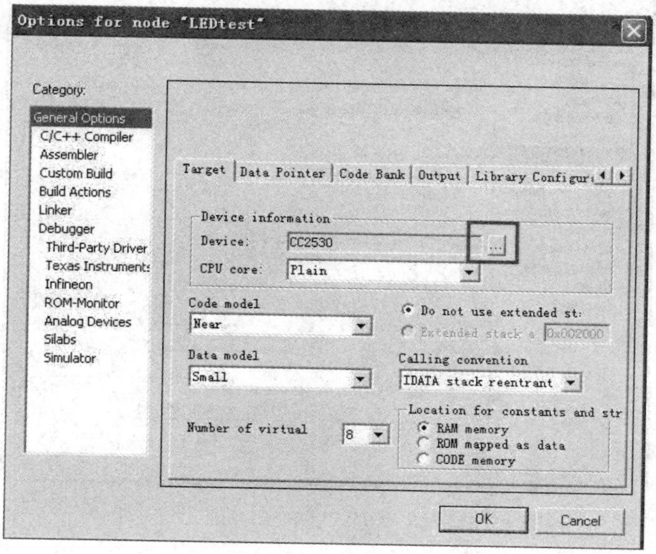

图 2-19　Target 选项卡配置

2）配置 Linker 选项中的相关项目。

选择 Output 选项卡，设置相关选项：若使用仿真器 CC Debugger，在 IAR 集成环境下在线下载和调试程序，默认设置即可，如图 2-20 所示；若只生成*.hex 文件，则需要勾选 Output file 下的 Override default 选项，在 Format 一栏中，选择 Other 项，Output 设置为 intel-extended，Format variant 设置为 None，Module-local 设置为 Include all，如图 2-21 所示。

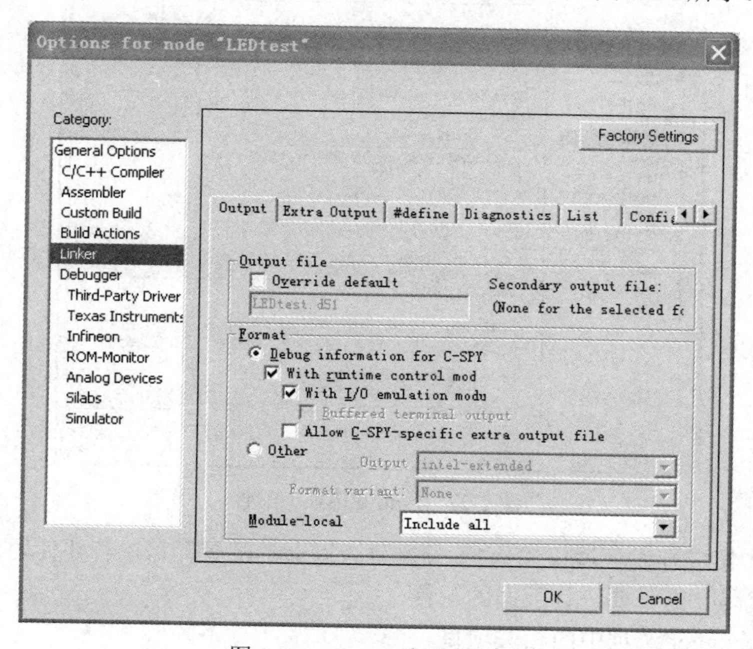

图 2-20　Output 选项卡配置

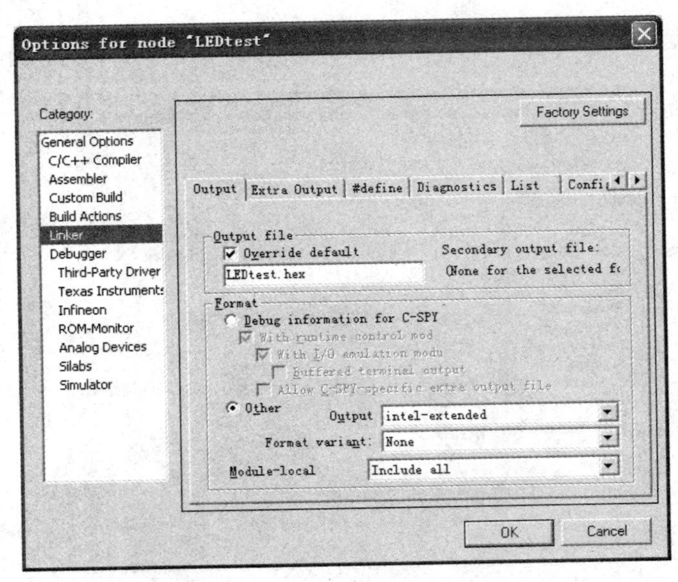

图 2-21 生成 *.hex 文件的配置

选择 Config 选项卡配置相关选项：在 Linker command file 选项组中选中 Override default 复选框，使下拉菜单有效，选择$TOOLKIT_DIR$\config\ lnk51ew_cc2530b.xcl 选项，其路径为 x:\Program Files\IAR Systems\Embedded Workbench 5.3\8051\config\lnk51ew_cc2530b.xcl。配置结果如图 2-22 所示。

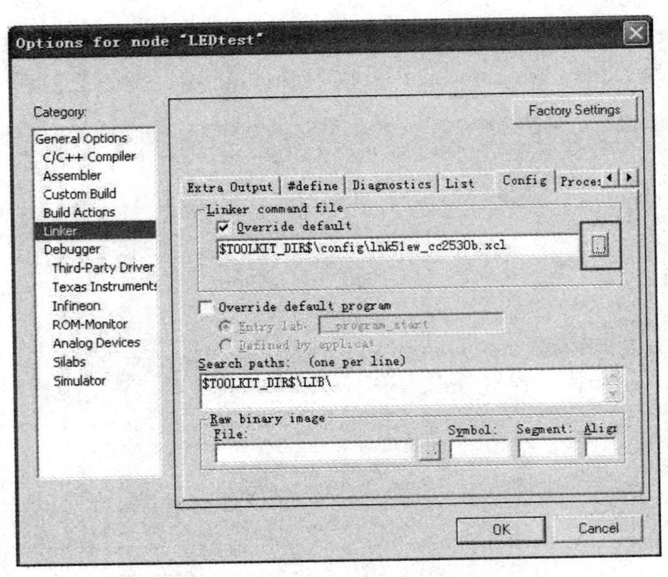

图 2-22 Config 选项卡配置

若使用 IAR 集成开发环境仅生成*.hex 文件，以上的配置即可。若要使用 CC Debugger 仿真器在线调试代码，则需要进行下面的配置。

3）设置 Debugger 选项中的相关项目。

在 Debugger 选项的 Setup 选项卡的 Driver 一栏中，勾选 Device Description file 栏中的

Override default，然后再指定设备描述文件，标准路径及文件为 x:\Program Files\IAR Systems \Embedded Workbench 5.3\8051\config\devices\Texas Instruments\CC2530.ddf，其他保持不变，如图 2-23 所示。

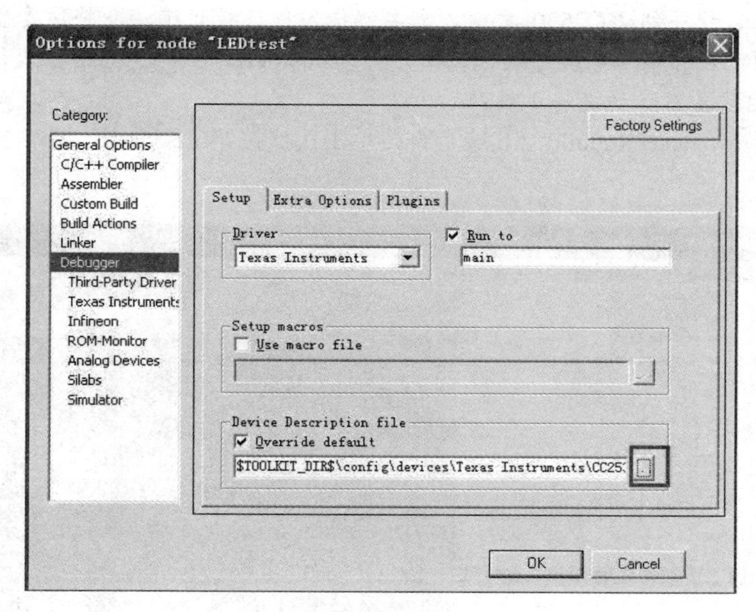

图 2-23　Setup 选项卡配置

若用户第一次使用 CC2530 芯片，则需要在 Texas Instruments 选项中的 Download 选项卡中选中 Erase flash 复选框，如图 2-24 所示。

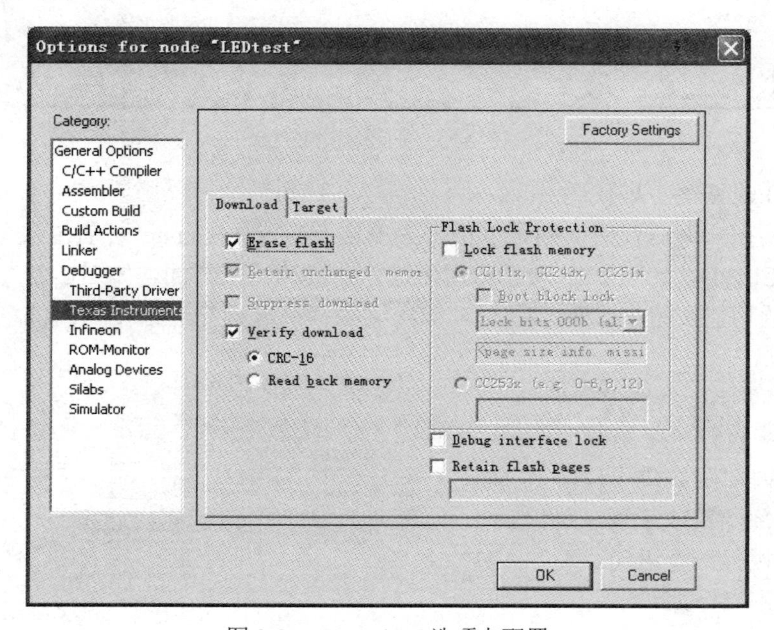

图 2-24　Download 选项卡配置

注意：在进行以上各个配置时，最后一步均要单击 OK 按钮保存当前设置。

（4）下载程序到CC2530。

完成以上正确设置后，用户可以通过以下两种方法将程序下载到CC2530芯片中，以便观察程序是否正确，以及实验现象是否正确。

注意：在下载程序到CC2530之前，需要确保硬件连接正确，即将仿真器CC Debugger使用USB电缆和10针扁平电缆分别连接用户计算机和FANTAI_ZigBee开发评估板，确保CC Debugger多功能仿真器驱动安装正确。

单击菜单栏Project→Rebuild All或者直接单击快捷按钮，如图2-25所示，对程序代码进行编译。

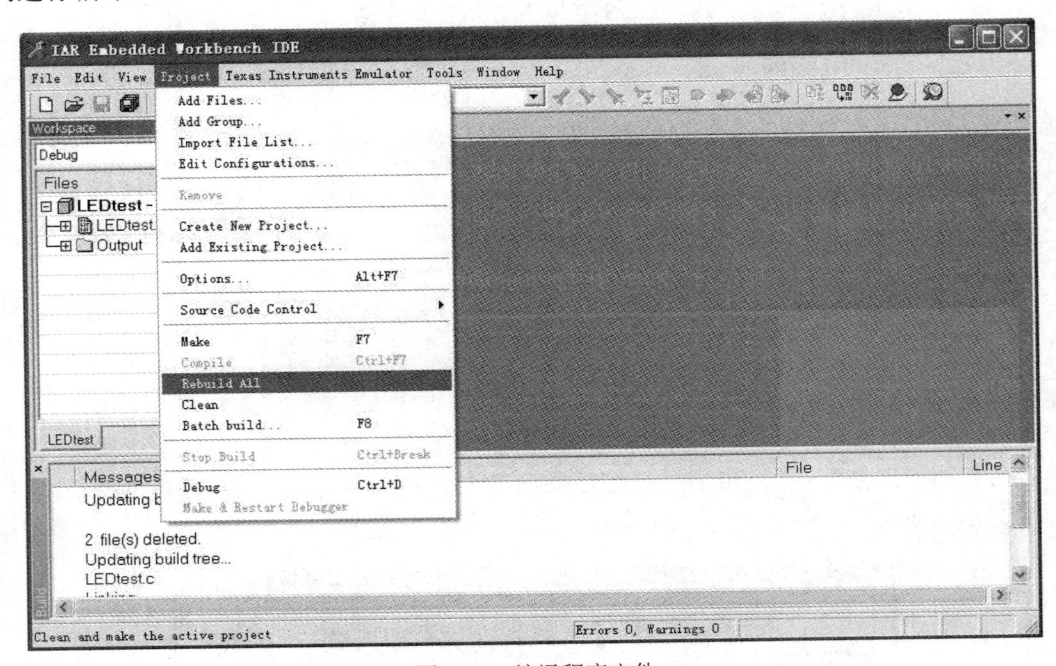

图2-25　编译程序文件

方法一：在线调试工程代码。

若用户需要在线调试代码，则可以单击菜单栏Project→Debug或者直接单击快捷按钮或者使用快捷键Ctrl+D，如图2-26所示，便可进入在线调试主界面，如图2-27所示。可以使用调试工具栏中的功能按钮对程序进行在线调试。

：复位。

：停止调试。

：每一步执行一个函数调用。

：进入内部函数或子程序。

：从内部函数或子程序跳出。

：每次执行一个语句。

：运行到光标处。

：全速运行。

：退出在线调试。

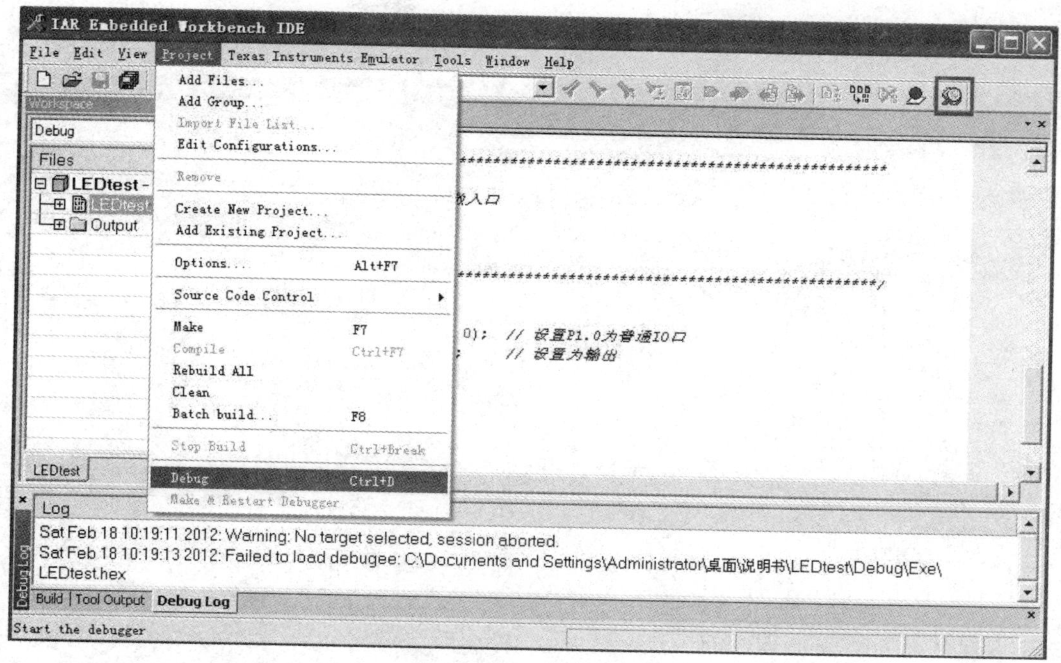

图 2-26　启动调试功能

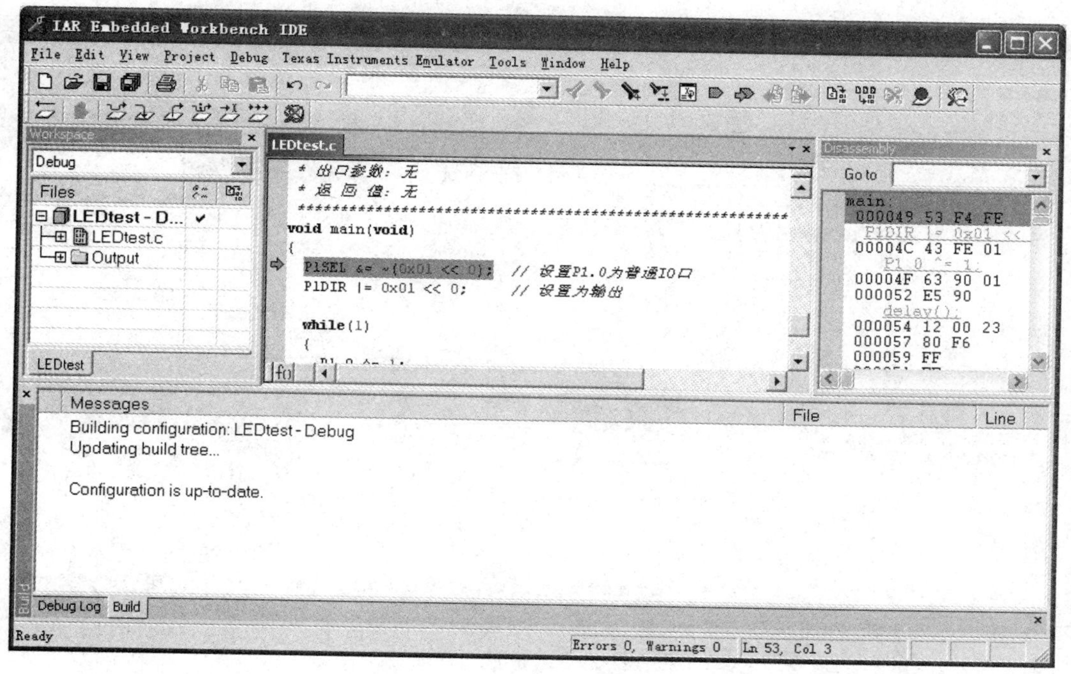

图 2-27　调试主界面

查看变量和表达式的方法：

- 使用自动窗口：选择菜单 View→Auto 命令打开自动窗口，如图 2-28 所示。用户可以连续单击按钮，然后在自动窗口中观察相应变量或者表达式的值的变化情况。

- 设置监控点：选择菜单 View→Watch 命令打开监控窗口，如图 2-29 所示。

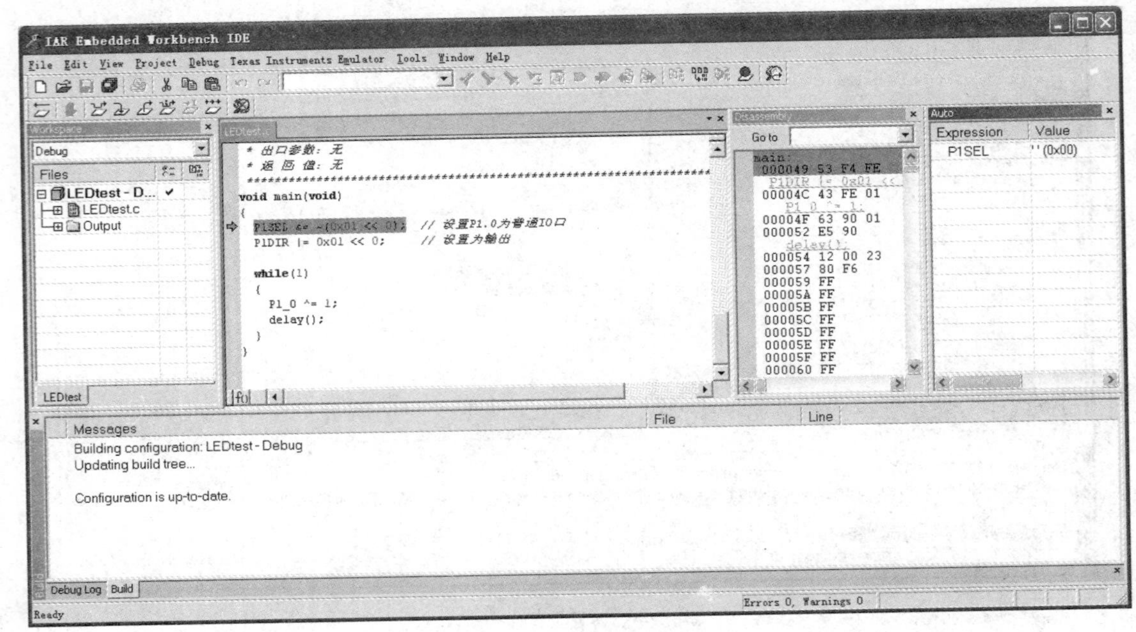

图 2-28　自动窗口界面

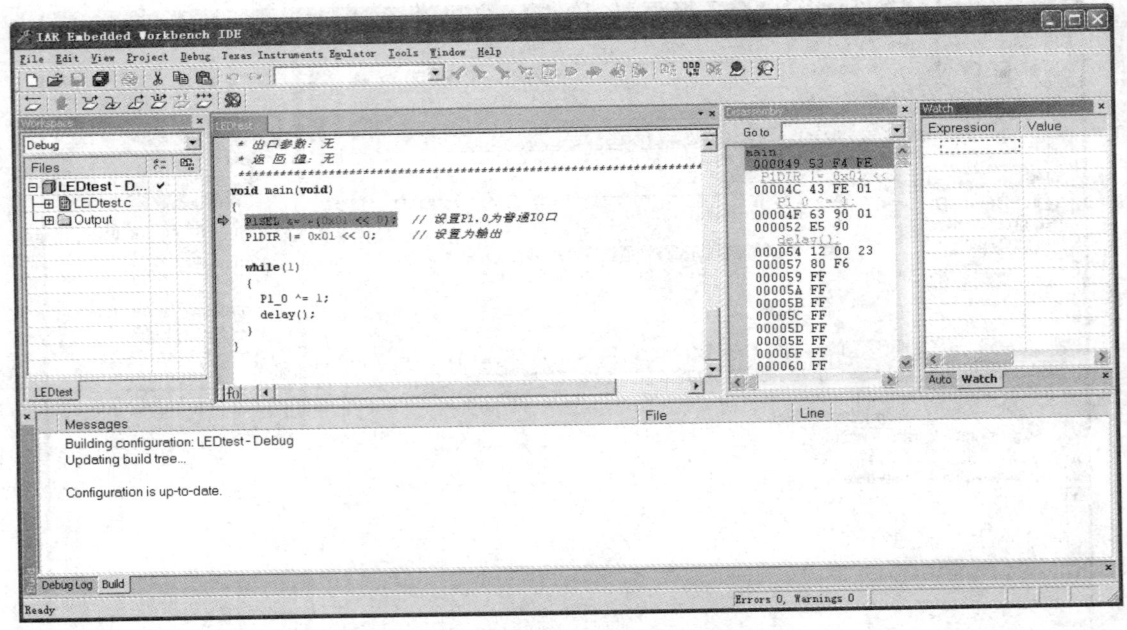

图 2-29　监控窗口界面

单击监控窗口（Watch）中的虚线框，出现输入光标时输入要观察的变量，在这里输入变量 j 并且回车。用户可以连续单击按钮，观察监控窗口中监控变量 j 值的变化情况，如图 2-30 所示。

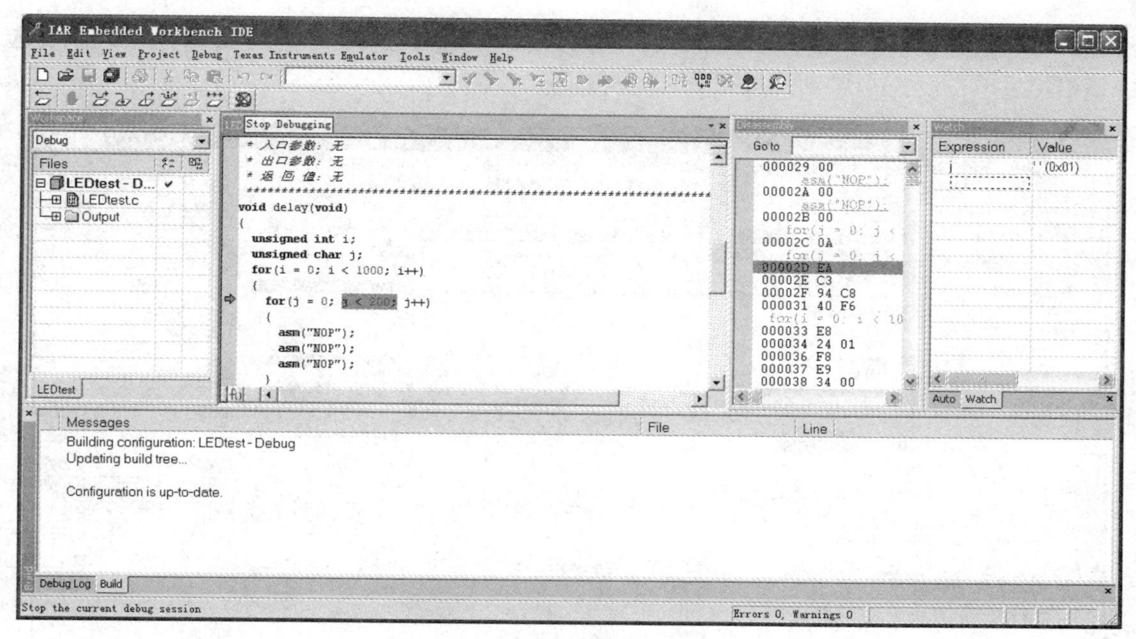

图 2-30　在监控窗口中监控变量变化

如果要在监控窗口中删除一个变量，先选中该变量，然后按键盘上的 Delete 键或者右击鼠标，在弹出的快捷菜单中选择 Remove 命令。

默认情况下，变量的值以十六进制的方式显示，也可以选择其他显示方式。选中该变量，右击鼠标，在弹出的快捷菜单中选择所希望的显示方式，如图 2-31 所示。

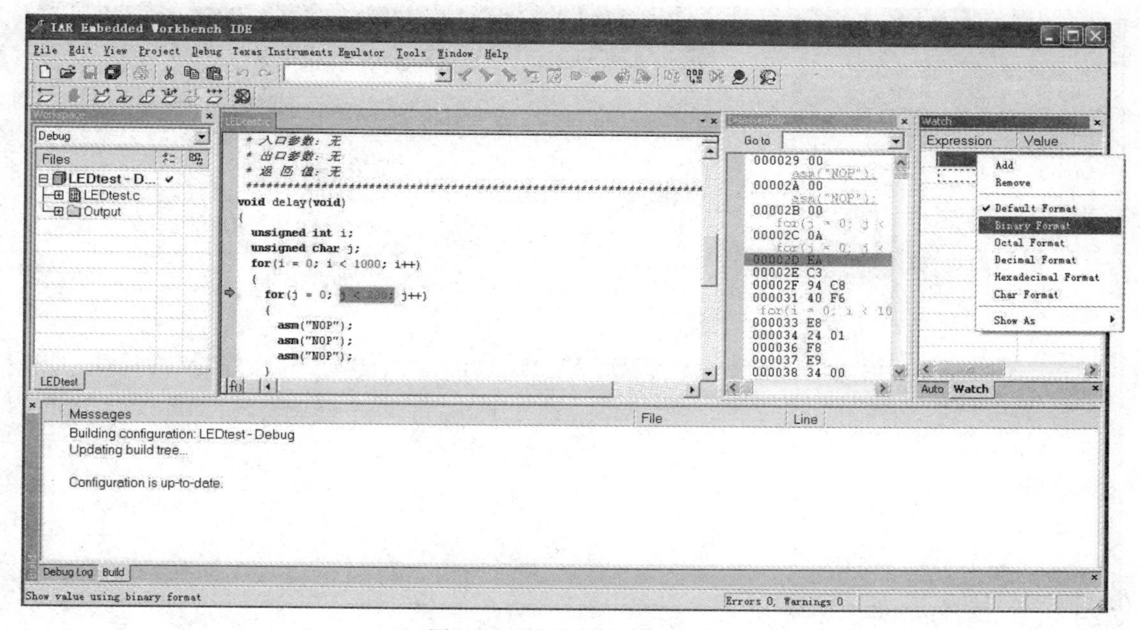

图 2-31　修改变量显示方式

插入/删除断点的方法：如果要使程序运行到 delay 函数 for 循环的第二个 asm("NOP")语句

终止，可以通过设置断点的方法实现。将光标移动到该语句上双击，如图 2-32 所示，或者选中该语句后单击设置/取消断点按钮。

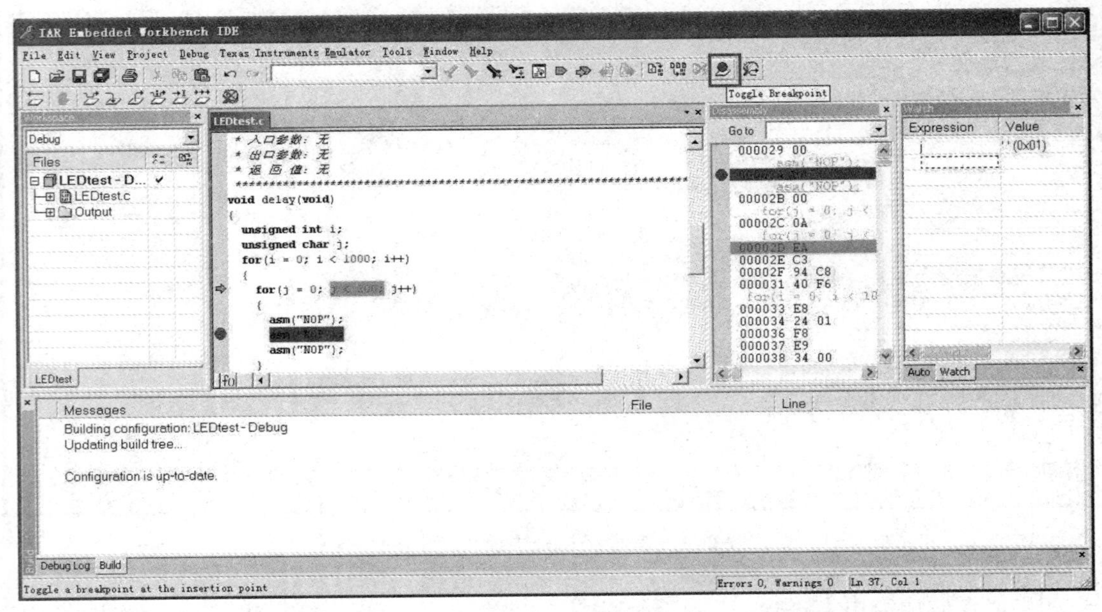

图 2-32　设置断点

单击全速运行按钮，程序会自动运行到刚才设置的断点处，观察变量 j 值的变化情况，如图 2-33 所示。

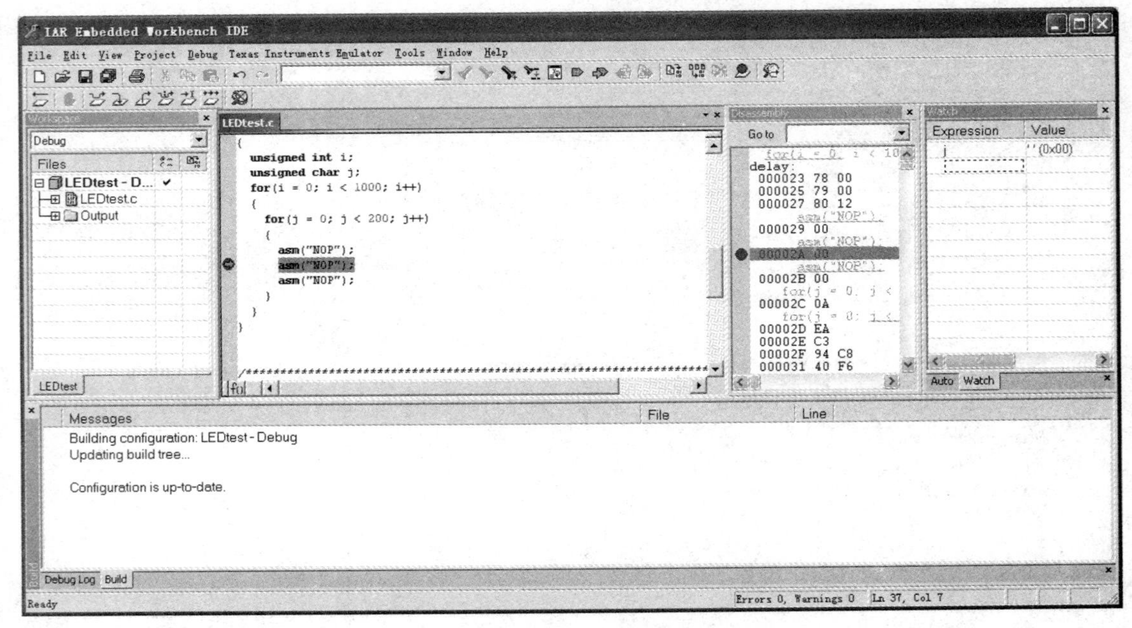

图 2-33　程序运行到设置的断点处

继续单击全速运行按钮，可以观察到 j 值依次递增，每次增加 1。

方法二：通过第三方软件下载代码。

可以利用 TI 公司提供的 SmartRF Flash Programmer 来下载编译后的*.hex 文件。具体操作过程如下：

打开 SmartRF Flash Programmer 软件，选择 System-on-Chip 选项卡，如图 2-34 所示。

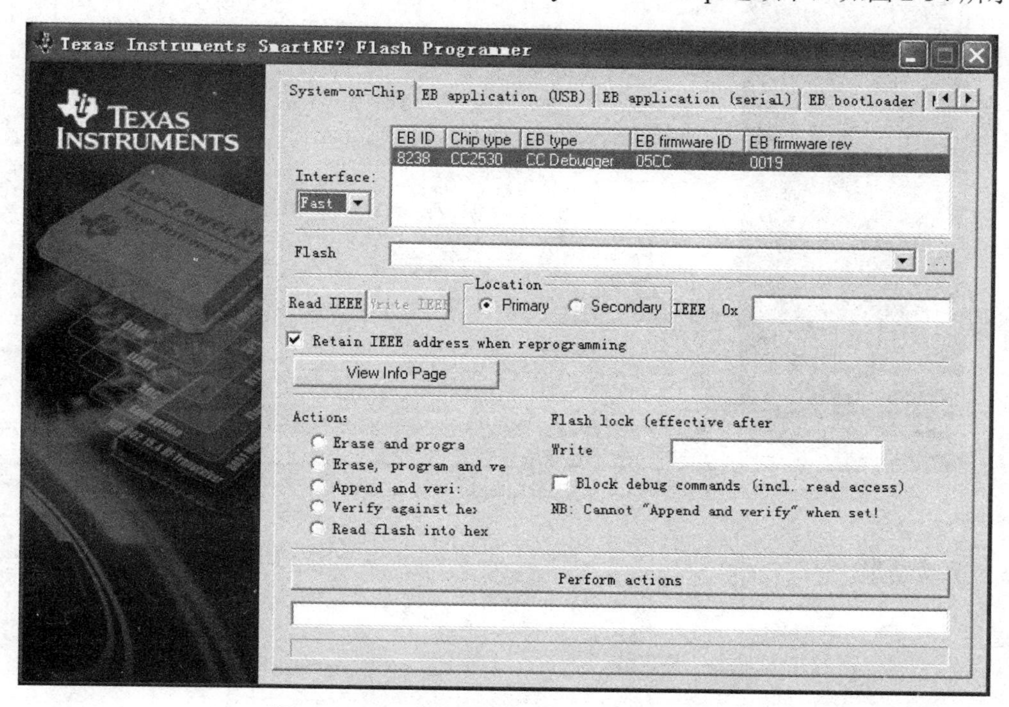

图 2-34　SmartRF Flash Programmer 软件界面

在图 2-34 中可以看出，在 System-on-Chip 选项卡中，检测到 EB ID（8238，注意，每个 CC Debugger 仿真器都有一个自己的 ID）、Chip type（CC2530）、EB type（CC Debugger）、EB firmware rev（0019）等信息，表示 CC Debugger 仿真器已经找到片上系统设备 CC2530，连接成功。如果没有出现以上信息，请检查计算机、CC Debugger 仿真器与 FANTAI_ZigBee 开发评估板连接是否正确。

单击 Flash 右端 ... 按钮，选择当前工程中已编译好的 hex 文件。在 Actions 选项中选择 Erase，program and verify，最后单击 Perform actions 按钮，执行下载命令。下载完成后，显示如图 2-35 所示的界面。

注意：单击 Perform actions 后，要耐心等待擦除、烧写及校验完成，所需时间根据 hex 文件大小而不同。最后提示"CC2530 - ID8238: Erase, program and verify OK"，说明烧写并校验成功。

注意：不论采取何种方式对 CC2530 进行编程烧写，在执行完毕后，为避免影响实验最后结果，应把 FANTAI_ZigBee 开发评估板或者 FANTAI_ZigBee 开发节点上的 JTAG 座上的 10 针扁平电缆取下后再进行实验演示和观察。

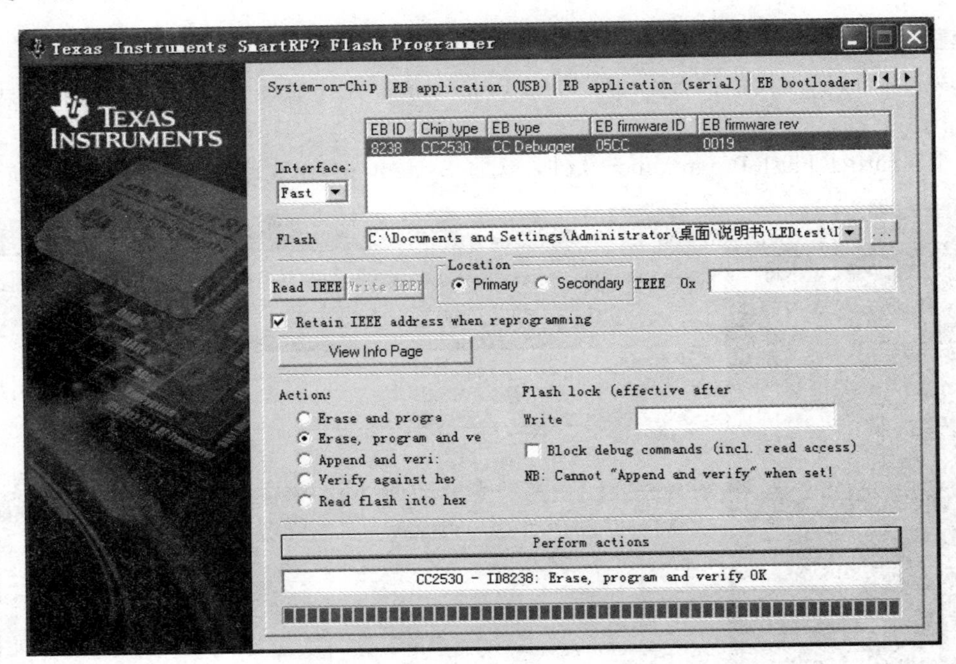

图 2-35 程序下载成功界面

6. 实验结果

通过本实验，可以观察到 D1 指示灯交替闪烁。

实验三　控制 LED 灯的闪烁

1. 实验目的

（1）了解和掌握 CC2530 板的 I/O 口，并点亮 LED 灯。
（2）通过 CC2530 板控制 D1 的点亮、D2 的闪烁。

2. 实验环境

（1）CC2530 协调传感模块、CC2530 Debugger、计算机以及 5V 电源。
（2）软件：Windows 7/XP、IAR 集成环境。

3. 实验原理

LED（Light Emitting Diode，发光二极管）是一种固态的半导体器件，可以直接把电转化为光。LED 的心脏是一个半导体的晶片，晶片的一端附在一个支架上，是负极，另一端连接电源的正极，使整个晶片被环氧树脂封装起来。当电流通过导线作用于这个晶片的时候，电子和空穴就会被推向量子阱，在量子阱内电子跟空穴复合，然后就会以光子的形式发出能量，这就是 LED 发光的原理。

本实验板子上 LED 采用的是低电平触发模式，所以在点亮 D1 和 D2 时需把 I/O 口拉低。

4. 实验内容

根据实验原理可知，将 I/O 口拉高和拉低可以控制（熄灭和点亮）LED 灯，所以我们首先需要对 I/O 口进行定义和初始化，然后给 I/O 口高低电平，实现灯的闪烁。

（1）I/O 口的定义和函数的声明。

```
#include <ioCC2530.h>
#define uint unsigned int
#define uchar unsigned char
//定义控制灯的端口
#define RLED P0_0          //定义 D2 为 P0.0 口控制
#define GLED P0_1          //定义 D1 为 P0.1 口控制
//函数声明
void Delay(uint);          //延时函数
void Initial(void);        //初始化 P0 口
```

（2）函数内容。

```
void Delay(uint n)
{
    uint t;
    while(n--)
    {
```

```
            for(t=1000; t>0; t--);
        }
}
/*****************************
//初始化程序
*****************************/
void Initial(void)
{
    P0DIR |= 0x03;  //P0.0、P0.1 定义为输出
    RLED = 1;       //D2 OFF
    GLED = 1;       //D1 OFF
}
/*****************************
//主函数
*****************************/
void main(void)
{
    Initial();      //调用初始化函数
    RLED = 0;       //D2 ON
    GLED = 0;       //D1 ON
    while(1)
    {
        GLED = !GLED;
        Delay(100);
    }
}
```

5．实验步骤

（1）正确连接 CC2530 Debugger 到计算机和 CC2530 协调传感模块，串口线一端连接 CC2530 协调传感模块对应接口，另一端连接计算机。

（2）用 IAR 开发环境打开实验例程，选择 Project→Rebuild All 命令重新编译工程。

（3）将连接好的硬件平台通电，然后将 SMART 仿真软件与开发板进行软连接，选择 Project→Download and debug 命令将程序下载到 CC2530 协调传感模块中。

（4）下载完成后，可以选择 Debug→Go 命令使程序全速运行，也可以将 CC2530 协调传感模块重新上电或者按下复位按钮让刚才下载的程序重新运行。

（5）观察实验板 LED 灯的现象。

6．实验现象

D2 点亮，D1 自动闪烁。

实验四　按键控制 LED 灯开和关

1．实验目的

（1）根据原理图找到 SW1 和 SW2 对应的 I/O 口，设置 I/O 口为输入模式。
（2）通过按键 SW1 和 SW2 控制 D1 与 D2 的点亮和熄灭。

2．实验环境

（1）CC2530 协调传感模块、CC2530 Debugger、计算机以及 5V 电源。
（2）软件：Windows 7/XP、IAR 集成环境。

3．实验原理

本实验板采用的是机械触点式按键开关，其主要功能是把机械上的通断转换为电气上的逻辑关系，提供标准的 TTL 逻辑电平，以便于通用数字系统的逻辑电平相容。所以在初始化时，将按键对应的 I/O 口设置成输入模式，随着按键按下时所产生的高低电平让 LED 灯开关。

4．实验内容

根据实验原理可知，要实现按键控制 LED 灯亮灭，需要找到按键对应的 I/O 口，对按键和 LED 的 I/O 口进行配置（按键设置为输入模式，LED 灯设置为输出模式）。

（1）I/O 口、LED 灯的宏定义、按键初始化和 LED 灯初始化。

```
//LED 灯状态
#define ON  0
#define OFF 1

//定义控制灯的端口
#define RLED P0_0          //定义 D2 为 P0.0 口控制
#define GLED P0_1          //定义 D1 为 P0.1 口控制

#define K1 P0_6            //控制 D2
#define K2 P0_7            //控制 D1

//函数声明
void Delay(uint);          //延时函数
void Initial(void);        //初始化 P0 口
void InitKey(void);
uchar KeyScan(void);
```

```
char i = 0;
uchar Keyvalue = 0 ;

/****************************
//延时
****************************/
void Delay(uint n)
{
        uint t;
        while(n--)
        {
            for(t=1000; t>0; t--);
        }
}

/******************************************
//按键初始化
******************************************/
void InitKey(void)
{
   P0SEL &= ~0xC0;
   P0DIR &= ~0xC0;  //按键在 P0.6、P0.7
   P0INP |= 0x18;       //上拉
}

/****************************
//初始化程序
****************************/
void Initial(void)
{
        P0DIR |= 0x03;  //P0.0、P0.1 定义为输出
        RLED = 1;
        GLED = 1;        //关 LED
        T1CTL= 0x3d;  //通道 0，中断有效，128 分频，自动重装模式（0x0000->0xFFFF）
                      //中断时间约为 0.5s
}
```

（2）按键触发函数。

```
/******************************************
//读键值
******************************************/
uchar KeyScan(void)
{
   if(K1 == 0)           //SW1 按键按下
   {
      Delay(10);          //防抖动
```

```
        if(K1 == 0)
        {
           while(!K1);          //直到松开按键
           return(1);           //返回按键返回值
        }
      }

     if(K2 == 0)                //SW2 按键按下
     {
       Delay(10);               //防抖动
       if(K2 == 0)
       {
          while(!K2);
          return(2);            //返回按键返回值
       }
     }
   return(0);
   }
```

（3）主函数。

```
/****************************
//主函数
****************************/
void main(void)
{
 Initial();                //调用初始化函数
 InitKey();
 RLED = OFF;               //D2
 GLED = OFF;               //D1
 while(1)
  {
     Keyvalue = KeyScan();
     if(Keyvalue == 1)
     {
       RLED = !RLED;           //D2
       Keyvalue = 0;           //清除键值
     }
     if(Keyvalue == 2)
     {
       GLED = !GLED;           //D1
       Keyvalue = 0;
     }
  }
}
```

5．实验步骤

（1）正确连接 CC2530 Debugger 到计算机和 CC2530 协调传感模块，串口线一端连接 CC2530 协调传感模块对应接口，另一端连接计算机。

（2）用 IAR 开发环境打开实验例程，选择 Project→Rebuild All 命令重新编译工程。

（3）将连接好的硬件平台通电，然后将 SMART 仿真软件与开发板进行软连接，选择 Project→Download and debug 命令将程序下载到 CC2530 协调传感模块中。

（4）下载完成后，可以选择 Debug→Go 命令使程序全速运行，也可以将 CC2530 协调传感模块重新上电或者按下复位按钮让刚才下载的程序重新运行。

（5）分别按下 SW1 和 SW2 按键，观察 D1 和 D2 的状态变化。

6．实验现象

程序烧写成功后，重新上电，两个按键都按下后，D1 与 D2 都被点亮，所以按下 SW1 可以控制 D2 的亮灭，按下 SW2 可以控制 D1 的亮灭。

实验五　按键控制 LED 灯闪烁

1. 实验目的

（1）根据原理图找到 SW1 和 SW2 对应的 I/O 口，设置 I/O 口为输入模式。
（2）通过按键来控制 D1 和 D2 的闪烁或熄灭。

2. 实验环境

（1）CC2530 协调传感模块、CC2530 Debugger、计算机以及 5V 电源。
（2）软件：Windows 7/XP、IAR 集成环境。

3. 实验原理

根据实验三和实验四，我们知道 LED 灯的亮灭和闪烁是如何实现的，以及按键触发是如何实现的，所以我们将两个实验合在一起，通过 SW1 和 SW2 的按键触发让 D1 与 D2 闪烁和熄灭。

4. 实验内容

根据实验原理可知，本实验是将实验三和实验四融合在一起，所以本实验 I/O 口初始化是和前面相同的，在此只需要添加主函数即可。

```
//按键的标志位用来使 D1 与 D2 闪烁
uchar GlintFlag[2] = {0,0};
/***************************
//主函数
***************************/
void main(void)
{
    Initial();            //调用初始化函数
    InitKey();
    while(1)
    {
        Keyvalue = KeyScan();      //按键扫描函数
        if(Keyvalue>0)
        {//按键按下后的标志位
            if(Keyvalue == 1)
                GlintFlag[0] = !GlintFlag[0];
                if(Keyvalue == 2)
                GlintFlag[1] = !GlintFlag[1];
    }
```

```
        if(GlintFlag[0]==1)
        {
            RLED = !RLED;            //闪灯
            Delay(100);
        }
        else
        {
            RLED = OFF;              //关灯
        }

        if(GlintFlag[1]==1)
        {
            GLED = !GLED;
            if(GlintFlag[0] == 0)
            Delay(100);
        }
        else
        {
            GLED = OFF;
        }
    }
}
```

5．实验步骤

（1）正确连接 CC2530 Debugger 到计算机和 CC2530 协调传感模块，串口线一端连接 CC2530 协调传感模块对应接口，另一端连接计算机。

（2）用 IAR 开发环境打开实验例程，选择 Project→Rebuild All 命令重新编译工程。

（3）将连接好的硬件平台通电，然后将 SMART 仿真软件与开发板进行软连接，选择 Project→Download and debug 命令将程序下载到 CC2530 协调传感模块中。

（4）下载完成后，可以选择 Debug→Go 命令使程序全速运行；也可以将 CC2530 协调传感模块重新上电或者按下复位按钮让刚才下载的程序重新运行。

（5）分别按下 SW1 和 SW2 按键，观察 D1 和 D2 的现象。

6．实验现象

重新上电后，分别按下 SW1 与 SW2 按键，D1 与 D2 分别开始闪烁，随着按下时机不同，可能 D1 与 D2 同时闪烁或者 D1 与 D2 间隔闪烁。

实验六　定时器 T1 的计时

1. 实验目的

（1）了解和掌握 CC2530 定时器的计时方法和中断方法。
（2）通过定时器的计时产生中断，使用中断函数让 LED 灯闪烁。

2. 实验环境

（1）CC2530 协调传感模块、CC2530 Debugger、计算机以及 5V 电源。
（2）软件：Windows 7/XP、IAR 集成环境。

3. 实验原理

定时器 T1 是一个独立的 16 位定时器，支持典型的定时/计数功能，如输入捕获、输出比较和 PWM 功能，其控制和状态如表 6-1 所示。

表 6-1　T1CTL（0xE4）——定时器 T1 的控制和状态

位	名称	复位	R/W	描述
7:4	—	0000 0	R0	保留
3:2	DIV[1:0]	00	R/W	分频器划分值。产生主动的时钟边缘用来更新计数器如下： 00：标记频率/1 01：标记频率/8 10：标记频率/32 11：标记频率/128
1:0	MODE[1:0]	00	R/W	选择定时器 T1 模式。定时器操作模式通过下列方式选择： 00：暂停运行 01：自由运行，从 0x0000 到 0xFFFF 反复计数 10：模，从 0x0000 到 T1CC0 反复计数 11：正计数/倒计数，从 0x0000 到 T1CC0 反复计数，并且从 T1CC0 倒计数到 0x0000

定时器有 5 个独立的捕获/比较通道。每个通道定时器使用一个 I/O 引脚。定时器用于范围广泛的控制和测量应用，可用的 5 个通道的正计数/倒计数模式将允许诸如电机控制应用的实现。

定时器的主要功能如下：

- 5 个捕获或者比较通道；
- 上升沿、下降沿或任何边沿的输入捕获；
- 设置、清除或切换输出比较；
- 自由运行、模或正计数/倒计数操作；

- 可被 1、8、32 或 128 整除的时钟分频器；
- 在每个捕获/比较和最终计数上生成中断请求；
- DMA 触发功能。

4．实验内容

根据实验原理可知，使用定时器首先需要对定时器进行分频和计数方式设置，用来判断一次中断的间隔时间。

（1）定时器 T1 和 LED 灯的初始化。

```
/*****************************
//普通延时程序
****************************/
void Delay(uint n)
{
    uint t;
    while(n--)
    {
    for(t=1000; t>0; t--);
    }
}

/*****************************
//初始化程序
****************************/
void Initial(void)
{
    //初始化 P1
    P0DIR = 0x03;           //P0.0、P0.1 为输出
    RLED = 1;               //灭 D2
    GLED = 1;               //灭 D1

    //用 T1 来做实验
    T1CTL = 0x3D;           //通道 0，中断有效，128 分频，自动重装模式（0x0000->0xFFFF）
                            //中断时间约为 0.25s
}
```

（2）主函数。

```
/*****************************
//主函数
****************************/
void main()
{
    CLKCONCMD &= ~0x40;             //设置系统时钟源为 32MHz 晶振
    while(CLKCONSTA & 0x40);        //等待晶振稳定
    CLKCONCMD &= ~0x47;             //设置系统主时钟频率为 32MHz
    Initial();          //调用初始化函数
```

```
    RLED = 0;          //点亮 D2
    while(1)           //查询溢出
    {
        if(IRCON > 0)
      {
        IRCON = 0;                        //清溢出标志
        TempFlag = !TempFlag;
      }
        if(TempFlag)
      {
        GLED = RLED;
        RLED = !RLED;
        Delay(50);
      }
    }
}
```

5．实验步骤

（1）正确连接 CC2530 Debugger 到计算机和 CC2530 协调传感模块，串口线一端连接 CC2530 协调传感模块对应接口，另一端连接计算机。

（2）用 IAR 开发环境打开实验例程，选择 Project→Rebuild All 命令重新编译工程。

（3）将连接好的硬件平台通电，然后将 SMART 仿真软件与开发板进行软连接，选择 Project→Download and debug 命令将程序下载到 CC2530 协调传感模块中。

（4）下载完成后，可以选择 Debug→Go 使命令使程序全速运行，也可以将 CC2530 协调传感模块重新上电或者按下复位按钮让刚才下载的程序重新运行。

（5）观察 D1 和 D2 的现象。

6．实验现象

程序烧写成功后，重新上电，发现 D2 亮 0.25s，D2 与 D1 闪烁，时间间隔为 100ms，然后停止闪烁 0.25s，循环显示。

实验七　定时器 T2 的计时

1. 实验目的

（1）了解和掌握 CC2530 定时器的计时方法和中断方法。

（2）通过定时器的计时产生中断，使用中断函数让 D1 闪烁。

2. 实验环境

（1）CC2530 协调传感模块、CC2530 Debugger、计算机以及 5V 电源。

（2）软件：Windows 7/XP、IAR 集成环境。

3. 实验原理

定时器 T2 主要用于为 802.15.4CSMA-CA 算法提供定时，以及为 802.15.4MAC 层提供一般的计时功能。当定时器 T2 和休眠定时器一起使用时，即使系统进入低功耗模式也会提供定时功能。本实验采用定时器的普通计时功能，用的是定时器的比较计数方法。根据定时器计数的中断产生，在中断里设置对应的标志位，从而实现 LED 灯的变化。

4. 实验内容

根据实验原理可知定时器 T2 的计数方法，所以首先需要对定时器进行初始化。

（1）定时器初始化。

```
#include <emot.h>   //文件里面有大量 T2 的配置函数，还有 LED 灯的配置函数
void Initial(void)
{
    LED_ENALBLE();

    //用 T2 来做实验
    SET_TIMER2_CAP_INT();       //开比较中断
    //TIMER2_CMP_HIGH_BYTE();
    SET_TIMER2_CAP_COUNTER(0x00FF);
    //SET_TIMER2_CAP_COUNTER(10000);
}
```

（2）对中断函数进行配置，需要在计时结束后设置一个标志位，使得 D1 闪烁。

```
#pragma vector = T2_VECTOR
__interrupt void T2_ISR(void)
{
    //SET_TIMER2_CAP_COUNTER(0x00FF);
    CLEAR_TIMER2_INT_FLAG();        //清 T2 中断标志
    if(counter<200)
      counter++;                    //200 次中断，LED 灯闪烁一轮
```

```
        else
        {
          counter = 0;                    //计数清零
          TempFlag = 1;                   //改变闪烁标志
        }
    }
```

（3）主函数。

```
/***************************
//主函数
***************************/
void main()
{

        Initial();          //调用初始化函数
        RLED = 0;           //点亮 D2
        GLED = 1;

            TIMER2_RUN();
        while(1)            //等待中断
        {
          if(TempFlag)
          {
            GLED = !GLED;
            TempFlag = 0;
          }
        }
}
```

5．实验步骤

（1）正确连接 CC2530 Debugger 到计算机和 CC2530 协调传感模块，串口线一端连接 CC2530 协调传感模块对应接口，另一端连接计算机。

（2）用 IAR 开发环境打开实验例程，选择 Project→Rebuild All 命令重新编译工程。

（3）将连接好的硬件平台通电，然后将 SMART 仿真软件与开发板进行软连接，选择 Project→Download and debug 命令将程序下载到 CC2530 协调传感模块中。

（4）下载完成后，可以选择 Debug→Go 命令使程序全速运行；也可以将 CC2530 协调传感模块重新上电或者按下复位按钮让刚才下载的程序重新运行。

（5）观察 D1 和 D2 的现象。

6．实验现象

程序烧写成功后，重新上电，D2 被点亮，D1 熄灭，然后 D1 开始闪烁，时间间隔为 1s。

实验八　定时器 T3 的计时

1．实验目的

（1）了解和掌握 CC2530 定时器 T3 的初始化和计时方法。
（2）通过定时器的计时产生中断，使用中断函数让 LED 灯闪烁。

2．实验环境

（1）CC2530 协调传感模块、CC2530 Debugger、计算机以及 5V 电源。
（2）软件：Windows 7/XP、IAR 集成环境。

3．实验原理

定时器 T3 和定时器 T4 的所有定时器功能都是基于主要的 8 位计数器建立的。计数器在每个时钟边沿递增或递减。活动时钟边沿的周期由寄存器位 CLKCONCMD.TICKSPD[2:0]定义，由 TxCTL.DIV[2:0]（其中 x 指的是定时器号码，3 或 4）设置的分频器值进一步划分。计数器可以作为一个自由运行计数器、倒计数器、模计数器或正/倒计数器运行。本实验使用定时器 T3 的自动重装功能使 D2 每隔 0.5s 闪烁一次。

4．实验内容

根据实验原理可知，使用定时器 T3 首先需要对 T3 的寄存器进行配置，对 T3 进行初始化。
（1）定时器 T3 的配置定义。

```
/*****************************************
//T3 配置定义
*****************************************/
// Where timer must be either 3 or 4
// Macro for initializing timer 3 or 4
//将 T3/T4 配置寄存复位
#define TIMER34_INIT(timer)
do {
        T##timer##CTL    = 0x06;
        T##timer##CCTL0 = 0x00;
        T##timer##CC0    = 0x00;
        T##timer##CCTL1 = 0x00;
        T##timer##CC1    = 0x00;
    } while (0)
//Macro for enabling overflow interrupt
//打开 T3/T4，溢出中断
```

```
#define TIMER34_ENABLE_OVERFLOW_INT(timer,val)

//启动 T3
#define TIMER3_START(val)
      (T3CTL = (val) ? T3CTL | 0x10 : T3CTL&~0x10)

//时钟分步选择
#define TIMER3_SET_CLOCK_DIVIDE(val)
do{
      T3CTL &= ~0xE0;
         (val==2) ? (T3CTL|=0x20):
         (val==4) ? (T3CTL|=0x40):
         (val==8) ? (T3CTL|=0x60):
         (val==16)? (T3CTL|=0x80):
         (val==32)? (T3CTL|=0xA0):
         (val==64) ? (T3CTL|=0xC0):
         (val==128) ? (T3CTL|=0xE0):
         (T3CTL|=0x00);                    /* 1 */
}while(0)

//Macro for setting the mode of timer3
//设置 T3 的工作方式
#define TIMER3_SET_MODE(val)
do{
      T3CTL &= ~0x03;
      (val==1)?(T3CTL|=0x01):   /*DOWN */
      (val==2)?(T3CTL|=0x02):   /*Modulo */
      (val==3)?(T3CTL|=0x03):   /*UP / DOWN */
      (T3CTL|=0x00);             /*free runing */
}while(0)
```

（2）定时器 T3 的宏定义配置完成后，开始对定时器 T3 进行初始化。

```
void Init_T3_AND_LED(void)
{
      P0DIR = 0x03;
      RLED = 1;
      GLED = 1;
      TIMER34_INIT(3);                    //初始化 T3
      TIMER3_SET_CLOCK_DIVIDE(128);  //设置时钟为 128 分频
      TIMER3_SET_MODE(0);              //自动重装 00→0xFF
      TIMER3_START(1);                  //启动
      TIMER34_ENABLE_OVERFLOW_INT(3,1);     //开 T3 中断
};
```

（3）主函数及定时器 T3 的中断处理函数。

```
/****************************************
//主函数
****************************************/
```

```
void main(void)
{
  Init_T3_AND_LED();
  GLED = 0;
  while(1);                    //等待中断
}

#pragma vector = T3_VECTOR
__interrupt void T3_ISR(void)
{
      IRCON = 0x00;                //可不清中断标志，硬件自动完成
      //YLED = 0;                  //测试用
      if(counter<200)
         counter++;                //200 次中断，LED 灯闪烁一轮
      else
      {
         counter = 0;              //计数清零
         RLED = !RLED;             //改变小灯的状态
      }
}
```

5．实验步骤

（1）正确连接 CC2530 Debugger 到计算机和 CC2530 协调传感模块，串口线一端连接 CC2530 协调传感模块对应接口，另一端连接计算机。

（2）用 IAR 开发环境打开实验例程，选择 Project→Rebuild All 命令重新编译工程。

（3）将连接好的硬件平台通电，然后将 SMART 仿真软件与开发板进行软连接，选择 Project→Download and debug 命令将程序下载到 CC2530 协调传感模块中。

（4）下载完成后，可以选择 Debug→Go 命令使程序全速运行；也可以将 CC2530 协调传感模块重新上电或者按下复位按钮让刚才下载的程序重新运行。

（5）观察 D1 和 D2 的现象。

6．实验现象

程序烧写成功后，板子重新上电，D1 处于点亮状态，D2 以 0.5s 的时间间隔闪烁。

实验九　定时器 T4 的计时

1．实验目的

（1）了解和掌握 CC2530 定时器 T4 的初始化和计时方法。
（2）通过定时器的计时产生中断，使用中断函数让 LED 灯闪烁。

2．实验环境

（1）CC2530 协调传感模块、CC2530 Debugger、计算机以及 5V 电源。
（2）软件：Windows 7/XP、IAR 集成环境。

3．实验原理

定时器 T4 与定时器 T3 功能相似，其所有的定时器功能都是基于主要的 8 位计数器建立的，原理与定时器 T3 相近。定时器 T4 的控制模式有以下 4 种：

- 自由运行模式：从 0x00 到达 0xFF 就会触发中断。
- 倒计数模式：定时器启动之后，计数器载入 TxCC0 的内容，然后计数器倒计时，直到 0x00。
- 模模式：定时器运行在模模式时，8 位计数器在 0x00 启动，每个活动时钟边沿递增。当计数器达到寄存器 TxCC0 所含的最终计数值时，计数器复位到 0x00，并继续递增。
- 正/倒计数模式：正/倒计数定时器模式下，计数器反复从 0x00 开始正计数，直到达到 TxCC0 所含的值，然后计数器倒计数，直到 0x00。这个定时器模式用于需要对称输出脉冲，且周期不是 0xFF 的应用程序。

4．实验内容

根据实验原理可知，与 T3 类似，需要对 T4 进行初始化。
（1）定时器 T4 的初始化。

```
void Init_T4_AND_LED(void)
{
    P0DIR = 0x03;
    RLED = 1;
    GLED = 1;

    TIMER34_INIT(4);                          //初始化 T4
    TIMER34_ENABLE_OVERFLOW_INT(4,1);         //开 T4 中断
    EA = 1;
    T4IE = 1;

    //T4CTL |= 0xA0;                          //时钟 32 分频 101
```

```
        TIMER34_SET_CLOCK_DIVIDE(4,128);
        TIMER34_SET_MODE(4,0);                //自动重装 00→0xFF
      // T4CC0 = 0xF0;
        TIMER34_START(4,1);                   //启动
};
```

（2）T4 的中断函数和主函数。

```
void main(void)
{
      Init_T4_AND_LED();         //初始化 LED 灯和 T4
      while(1);                  //等待中断
}

#pragma vector = T4_VECTOR
 __interrupt void T4_ISR(void)
 {
       IRCON = 0x00;             //可不清中断标志，硬件自动完成
       GLED = 0;                 //测试用
       if(counter<200)
          counter++;             //200 次中断，LED 灯闪烁一轮
       else
       {
          counter = 0;           //计数清零
          RLED = !RLED;          //改变小灯的状态
       }
 }
```

5．实验步骤

（1）正确连接 CC2530 Debugger 到计算机和 CC2530 协调传感模块，串口线一端连接 CC2530 协调传感模块对应接口，另一端连接计算机。

（2）用 IAR 开发环境打开实验例程，选择 Project→Rebuild All 命令重新编译工程。

（3）将连接好的硬件平台通电，然后将 SMART 仿真软件与开发板进行软连接，选择 Project→Download and debug 命令将程序下载到 CC2530 协调传感模块中。

（4）下载完成后，可以选择 Debug→Go 命令使程序全速运行；也可以将 CC2530 协调传感模块重新上电或者按下复位按钮让刚才下载的程序重新运行。

（5）观察 D1 和 D2 的现象。

6．实验现象

效果与定时器 T3 一样，D1 处于点亮状态，D2 以 0.5s 的时间闪烁。

实验十　定时器 T3/T4 的中断

1. 实验目的

（1）了解和掌握 CC2530 定时器 T3 和 T4 的计数方法和中断特性。
（2）通过定时器计时产生中断，使用中断函数让 D1 闪烁。

2. 实验环境

（1）CC2530 协调传感模块、CC2530 Debugger、计算机以及 5V 电源。
（2）软件：Windows 7/XP、IAR 集成环境。

3. 实验原理

CC2530 为 T3 和 T4 这两个定时器各分配了一个中断向量。当以下定时器事件之一发生时将产生一个中断请求：

- 计数器达到最终计数值
- 比较事件
- 捕获事件

SFR 寄存器 TIMIF 包含定时器 T3 和定时器 T4 的所有中断标志。寄存器位 TIMIF.TxOVFIF 和 TIMIF.TxCHnIF 分别包含两个最终计数值事件，以及四个通道捕获/比较事件的中断标志。仅当设置了相应的中断屏蔽位时，才会产生一个中断请求。如果有其他未决的中断，必须通过 CPU，在一个新的中断请求产生之前，清除相应的中断标志。而且，如果设置了相应的中断标志，使能一个中断屏蔽位将产生一个新的中断请求。

4. 实验内容

根据实验原理需要设置定时器的中断模式，并对中断函数进行清除中断标志位和设置 D1 的闪烁。

（1）定时器 T4 和 LED 的初始化。

```
/****************************************
//T4 及 LED 灯初始化
****************************************/
void Init_T4_AND_LED(void)
{
    P0DIR = 0x03;
    RLED = 1;
    GLED = 1;
    TIMER34_INIT(4);                          //初始化 T4
    TIMER34_ENABLE_OVERFLOW_INT(4,1);         //开 T4 中断
```

```
    EA = 1;
    T4IE = 1;

    TIMER34_SET_CLOCK_DIVIDE(4,128);
    TIMER34_SET_MODE(4,0);                     //自动重装 00→0xFF
    T4CC0 = 0xF0;
    TIMER34_START(4,1);                        //启动
};
```

（2）延时函数和中断函数。

```
/****************************************
//延时
****************************************/
void Delay(uint n)
{
   uint t;
   while(n--)
   {
       for(t=1000; t>0; t--);
   }
}
#pragma vector = T4_VECTOR
__interrupt void T4_ISR(void)
{
       IRCON = 0x00;          //可不清中断标志，硬件自动完成

       if(counter<1000)
       {
          counter++;          //1000 次中断，LED 灯闪烁一轮
       }
       else
       {
          counter = 0;        //计数清零
          GlintFlag = !GlintFlag;
       }
}
```

（3）主函数。

```
/****************************************
//主函数
****************************************/
void main(void)
{
       Init_T4_AND_LED();
       while(1)
       {
           if(GlintFlag) GLED = !GLED;        //改变小灯的状态
           Delay(100);
```

```
    }
}
```

5．实验步骤

（1）正确连接 CC2530 Debugger 到计算机和 CC2530 协调传感模块，串口线一端连接 CC2530 协调传感模块对应接口，另一端连接计算机。

（2）用 IAR 开发环境打开实验例程，选择 Project→Rebuild All 命令重新编译工程。

（3）将连接好的硬件平台通电，然后将 SMART 仿真软件与开发板进行软连接，选择 Project→Download and debug 命令将程序下载到 CC2530 协调传感模块中。

（4）下载完成后，可以选择 Debug→Go 命令使程序全速运行；也可以将 CC2530 协调传感模块重新上电或者按下复位按钮让刚才下载的程序重新运行。

（5）观察 D1 的现象。

6．实验现象

程序烧写成功后，板子重新上电，D1 熄灭 2s 后再闪烁 2s，循环显示。

实验十一　外部中断控制 LED 灯

1. 实验目的

（1）了解和掌握 CC2530 外部中断的初始化和设置。
（2）通过外部中断的触发控制 LED 灯的亮灭。

2. 实验环境

（1）CC2530 协调传感模块、CC2530 Debugger、计算机以及 5V 电源。
（2）软件：Windows 7/XP、IAR 集成环境。

3. 实验原理

CC2530 有 21 个数字输入/输出引脚，可以配置为通用数字 I/O 或外设 I/O 信号，连接到 ADC、定时器或 USART 外设。这些 I/O 口的用途可以通过一系列寄存器配置，由用户软件加以实现。

CC2530 I/O 端口具备如下重要特性：输入口具备上拉或下拉能力、具有外部中断能力。21 个 I/O 引脚都可以用作外部中断源输入口。因此，如果需要，外部设备可以产生中断，外部中断功能也可以把设备从睡眠模式唤醒。通用 I/O 引脚设置为输入后，可以用于产生中断，中断可以设置在外部信号的上升或下降沿触发。

4. 实验内容

根据实验原理可知，CC2530 上的每个 I/O 口都可以设置为外部中断，这里选用两个按键 SW1 和 SW2 来触发外部中断。

（1）外部中断和 LED 灯的初始化。

```
/******************************************
//I/O 及 LED 灯初始化
******************************************/
void Init_I/O_AND_LED(void)
{
    P0DIR = 0x03;     //P0.0 和 P0.1 控制 LED 灯
    RLED = 1;
    GLED = 1;

    P0INP &= ~0xC0;       //有上拉、下拉
    P0IEN |= 0xC0;        //P0.6、P0.7 中断使能
    PICTL |= 0x02;        //下降沿
    EA = 1;
```

```
    IEN1 |= 0x20;           //设置 IEN1 第 5 位为 1，端口 P0 中断使能

    P0IFG &= 0x00;          //P0 端口中断标志清零
}
```

（2）中断函数和延时函数的配置。

```
/*****************************************
//延时
*****************************************/
void Delay(uint n)
{
    uint t;
    while(n--)
    {
      for(t=1000; t>0; t--);
    }
}

#pragma vector = P1INT_VECTOR
__interrupt void P1_ISR(void)
{
    if(P0IFG>0)            //按键中断
    {
      P0IFG = 0;
      RLED = !RLED;        //D2 取反
    }
    P0IF = 0;              //清中断标志
}
```

（3）主函数。

```
/*****************************************
//主函数
*****************************************/
void main(void)
{
    Init_I/O_AND_LED();
    while(1);
}
```

5．实验步骤

（1）正确连接 CC2530 Debugger 到计算机和 CC2530 协调传感模块，串口线一端连接 CC2530 协调传感模块对应接口，另一端连接计算机。

（2）用 IAR 开发环境打开实验例程，选择 Project→Rebuild All 命令重新编译工程。

（3）将连接好的硬件平台通电，然后将 SMART 仿真软件与开发板进行软连接，选择 Project→Download and debug 命令将程序下载到 CC2530 协调传感模块中。

（4）下载完成后，可以选择 Debug→Go 命令使程序全速运行；也可以将 CC2530 协调传感模块重新上电或者按下复位按钮让刚才下载的程序重新运行。

（5）观察 D2 的变化。

6. 实验现象

程序烧写成功后，板子重新上电，按下 SW1 或 SW2 都可以控制 D2 的亮灭。

实验十二　CC2530 的片内温度采集

1．实验目的

（1）了解和掌握 CC2530 内部温度传感器的使用方法和初始化方法。

（2）通过 AD 转换将 CC2530 的温度取出来，并通过串口输出到计算机上，观察温度的信息。

2．实验环境

（1）CC2530 协调传感模块、串口线、CC2530 Debugger、计算机以及 5V 电源。

（2）软件：Windows 7/XP、IAR 集成环境。

3．实验原理

CC2530 片内温度传感器位于 CC2530 的 ADC 转换通道内，所以想取出 CC2530 的片内温度，首先需要进行 ADC 转换和初始化。

如果 ADC 采用 12 位方式，工作电压 3V，使用内部基准 1.15V，温度传感器有如下规律：

（1）25℃时，AD 读数为 1480。

（2）温度变化 1℃，对应的 AD 采集值变化 4.5。

了解上述规律，温度计算就可以用公式计算：

实际温度=（AD 读数-（1480-4.5×25））/4.5=（AD 读数-1367.5)/4.5

4．实验内容

根据实验原理可知，片内温度需要 ADC 来进行转换，所以首先需要对 ADC 进行初始化。

（1）ADC 初始化（对应的片内温度通道）。

```
void initTempSensor(void)
{
    DISABLE_ALL_INTERRUPTS();

    SET_MAIN_CLOCK_SOURCE(0);

    *((BYTE __xdata*) 0xDF26) = 0x80;
}
```

（2）将 ADC 的值转换并提取出来。

```
INT8 getTemperature(void)
{
  UINT8    i;
  UINT16   accValue;
  UINT16   value;
```

```
  accValue = 0;
  for( i = 0; i < 4; i++ )
  {
    ADC_SINGLE_CONVERSI/ON(ADC_REF_1_25_V | ADC_14_BIT | ADC_TEMP_SENS);
    ADC_SAMPLE_SINGLE();
    while(!ADC_SAMPLE_READY());

    value =   ADCL >> 2;
    value |= (((UINT16)ADCH) << 6);

    accValue += value;
  }
    value = accValue >> 2; // devide by 4

    return ADC14_TO_CELSIUS(value);
}
```

（3）串口初始化。

```
void initUARTtest(void)
{
    CLKCONCMD &= ~0x40;              //选择外置 32MHz 晶振为系统时钟源
    while(!(SLEEPSTA & 0x40));       //等待晶振稳定
    CLKCONCMD &= ~0x47;              //TICHSPD128 分频，CLKSPD 不分频
    SLEEPCMD |= 0x04;                //关闭不用的 RC 振荡器

    PERCFG|= 0x00;                   //位置 1 P0 口
    P0SEL |= 0x3C;                   //P0 的 5、4、3、2 位为外设口，用于连接串口

    U0CSR |= 0x80;                   //UART 方式
    U0GCR |= 10;                     //BAUD_E = 10
    U0BAUD |= 216;                   //波特率设为 57600
    UTX0IF = 1;

    U0CSR |= 0x40;                   //允许接收
    IEN0 |= 0x88;                    //开总中断，接收中断
}
/*****************************************************************
*函数功能：串口发送字符串函数              *
*入口参数：                                *
*          data：数据                      *
*          len：数据长度                   *
*返回值：无                                *
*说明：                                    *
*****************************************************************/
void UartTX_Send_String(char *Data,int len)
{
  int j;
```

```
    for(j=0;j<len;j++)
      {
        U0DBUF = *Data++;
        while(UTX0IF == 0);
        UTX0IF = 0;
      }
    }

    void UartTX_Send_word(char word)
    {
        U0DBUF = word;
        while(UTX0IF == 0);
        UTX0IF = 0;
    }
```

（4）主函数。

```
void main(void)
{
        char i;
        char temperature[10];
        INT16 avgTemp;
        initUARTtest();                          //初始化串口
        initTempSensor();                        //初始化 ADC
        while(1)
        {
          avgTemp = 0;
          for(i = 0 ; i < 64 ; i++)
          {
              avgTemp += getTemperature();
              avgTemp>>= 1;
          }
          // avgTemp /= 64;
          sprintf(temperature, (char *)"%dC", (INT8)avgTemp);
          UartTX_Send_String(temperature,4);
          UartTX_Send_word(0x0A);
          Delay(1000);
        }
}
```

5．实验步骤

（1）正确连接 CC2530 Debugger 到计算机和 CC2530 协调传感模块，串口线一端连接 CC2530 协调传感模块对应接口，另一端连接计算机。

（2）用 IAR 开发环境打开实验例程，选择 Project→Rebuild All 命令重新编译工程。

（3）将连接好的硬件平台通电，然后将 SMART 仿真软件与开发板进行软连接，选择 Project→Download and debug 命令将程序下载到 CC2530 协调传感模块中。

（4）下载完成后，可以选择 Debug→Go 命令使程序全速运行；也可以将 CC2530 协调传感模块重新上电或者按下复位按钮让刚才下载的程序重新运行。

（5）程序成功运行后，在计算机上打开串口助手或者超级终端，设置接收的波特率为 57600，数据位为 8，奇偶校验为无，停止位为 1，数据流控制为无。

（6）观察串口调试工具接收区显示的数据。

6．实验现象

打开串口调试工具，设置串口对应的设置，打开串口，显示接收区发送过来的片内温度数据，如图 12-1 所示。

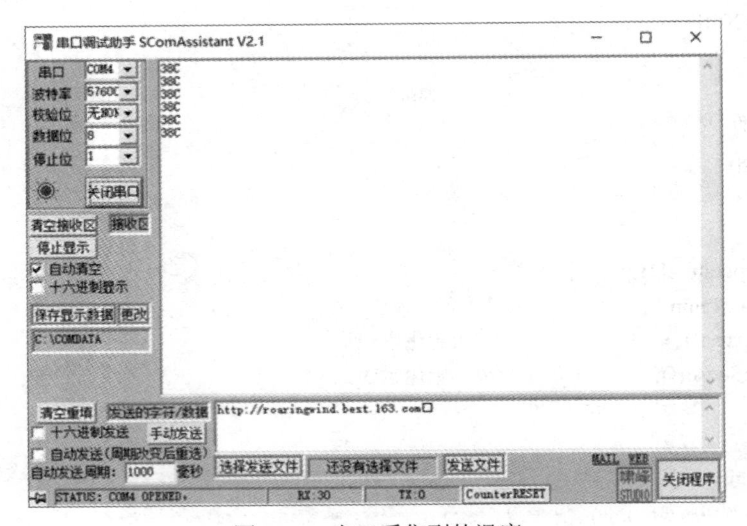

图 12-1 串口采集到的温度

实验十三　采集 1/3 电源电压

1．实验目的

（1）了解和掌握 CC2530 的 1/3 电压的使用方法和初始化方法。

（2）通过 AD 转换将 CC2530 的 1/3 电压取出来，并通过串口输出到计算机上，观察电压的信息。

2．实验环境

（1）CC2530 协调传感模块、串口线、CC2530 Debugger、计算机以及 5V 电源。

（2）软件：Windows 7/XP，IAR 集成环境。

3．实验原理

CC2530 的 1/3 电压转换位于 CC2530 的 ADC 转换通道内，所以想取出 CC2530 的 1/3 电压转换，首先需要进行 ADC 转换和初始化。ADC 采用 12 位方式，工作电压 3V，使用内部基准 1.15V，将电压采样并通过串口打印出来。

4．实验内容

根据实验原理可知，1/3 电压转换位于 ADC 的 8 个独立输出通道上，所以首先需要时 ADC 进行初始化。

（1）ADC 的初始化。

```
/*************************************************************************
*函数功能：初始化 ADC                                    *
*入口参数：无                                            *
*返回值：无                                              *
*说明：参考电压 AVDD，转换对象是 1/3AVDD                 *
*************************************************************************/
void InitialAD(void)
{
    //P0 out
    P0DIR = 0x03;          //P0.0 和 P0.1 控制 LED 灯
    RLED = 1;
    GLED = 1;              //关 LED 灯

    ADCH &= 0x00;          //清 EOC 标志
    ADCCON3=0xBF;          //单次转换，参考电压为电源电压，对 1/3VDD 进行 AD 转换
                           //14 位分辨率
    ADCCON1 = 0x30;        //停止 AD
```

```
        ADCCON1 |= 0x40;    //启动 AD
}
```

（2）串口 1 的初始化。

```
/**************************************************************
*函数功能：初始化串口 1                              *
*入口参数：无                                        *
*返回值：无                                          *
*说明：57600-8-n-1                                   *
**************************************************************/
void initUARTtest(void)
{
    CLKCONCMD &= ~0x40;             //选择外置 32MHz 晶振为系统时钟源
while(!(SLEEPSTA & 0x40));          //等待晶振稳定
    CLKCONCMD &= ~0x47;             //TICHSPD128 分频，CLKSPD 不分频
    SLEEPCMD |= 0x04;               //关闭不用的 RC 振荡器

    PERCFG|= 0x00;                  //位置 1 P0 口
    P0SEL |= 0x3C;                  //P0 的 5、4、3、2 位为外设口，用于连接串口

    U0CSR |= 0x80;                  //UART 方式
    U0GCR |= 10;                    //BAUD_E = 10
    U0BAUD |= 216;                  //波特率设为 57600
    UTX0IF = 1;

    U0CSR |= 0x40;                  //允许接收
    IEN0 |= 0x88;                   //开总中断，接收中断
}
/**************************************************************
*函数功能：串口发送字符串函数                         *
*入口参数：                                          *
*           data：数据                               *
*           len：数据长度                            *
*返回值：无                                          *
*说明：                                              *
**************************************************************/
void UartTX_Send_String(char *Data,int len)
{
  int j;
  for(j=0;j<len;j++)
  {
    U0DBUF = *Data++;
    while(UTX0IF == 0);
    UTX0IF = 0;
  }
}
```

（3）主函数。

```
/**************************************************************
*函数功能：主函数                                    *
*入口参数：无                                        *
*返回值：无                                          *
*说明：无                                            *
**************************************************************/
void main(void)
{
    char temp[2];
    float num;
    initUARTtest();                 //初始化串口
    InitialAD();                    //初始化 ADC

    RLED = 1;
    while(1)
    {
        if(ADCCON1>=0x80)
        {
            RLED = 1;               //转换完毕指示
            temp[1] = ADCL;
            temp[0] = ADCH;
            ADCCON1 |= 0x40;        //开始下一转换


            temp[1] = temp[1]>>2;
            temp[1] |= temp[0]<<6;

            temp[0] = temp[0]>>2;   //数据处理
            temp[0] &= 0x3F;

            num = (temp[0]*256+temp[1])*3.3/8192;   //有一位符号位，取 2^13
            //定参考电压为 3.3V，14 位精确度
            adcdata[1] = (char)(num)%10+48;
            adcdata[3] = (char)(num*10)%10+48;

            UartTX_Send_String(adcdata,6);  //串口送数，包括空格

            Delay(1000);
            RLED = 0;                       //完成数据处理
            Delay(1000);
        }
    }
}
```

5．实验步骤

（1）正确连接 CC2530 Debugger 到计算机和 CC2530 协调传感模块，串口线一端连接 CC2530 协调传感模块对应接口，另一端连接计算机。

（2）用 IAR 开发环境打开实验例程，选择 Project→Rebuild All 命令重新编译工程。

（3）将连接好的硬件平台通电，然后将 SMART 仿真软件与开发板进行软连接，选择 Project→Download and debug 命令将程序下载到 CC2530 协调传感模块中。

（4）下载完成后，可以选择 Debug→Go 命令使程序全速运行；也可以将 CC2530 协调传感模块重新上电或者按下复位按钮让刚才下载的程序重新运行。

（5）程序成功运行后，在计算机上打开串口助手或者超级终端，设置接收的波特率为 57600，数据位为 8，奇偶校验为无，停止位为 1，数据流控制为无。

（6）观察串口调试工具接收区显示的数据。

6．实验现象

打开串口调试工具，设置串口对应的设置，打开串口，如图 13-1 所示，观察接收区显示的数据是否是 1.1V。

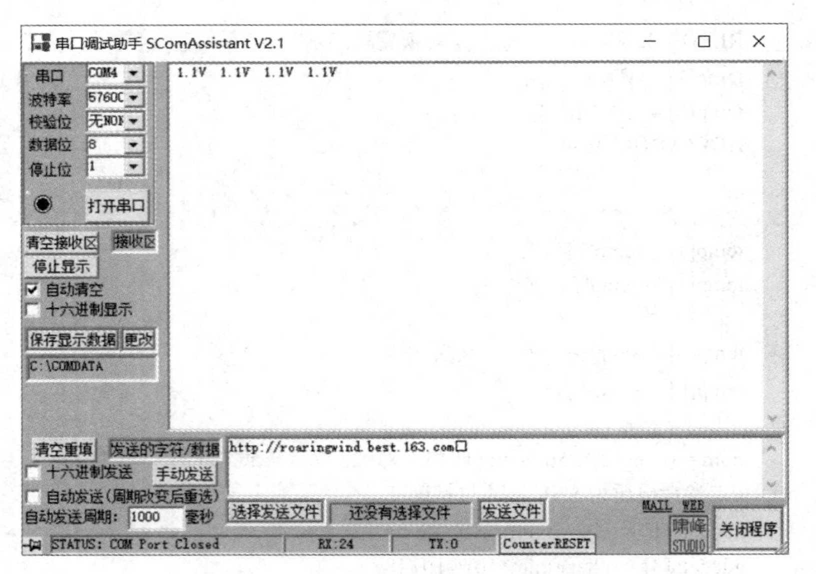

图 13-1　串口采集到的 1/3 电源电压

实验十四　采集电源电压 AVDD

1．实验目的

（1）了解和掌握 CC2530 电源电压 AVDD 的使用方法和初始化方法。

（2）通过 AD 转换将 CC2530 电源电压 AVDD 取出来，并通过串口输出到计算机上，观察电压的信息。

2．实验环境

（1）CC2530 协调传感模块、串口线、CC2530 Debugger、计算机以及 5V 电源。

（2）软件：Windows 7/XP、IAR 集成环境。

3．实验原理

CC2530 的 AVDD 转换位于 CC2530 的 ADC 转换通道内，所以想取出 CC2530 的 AVDD 转换，首先需要进行 ADC 转换和初始化。以输入一个对应 AVDD5（3.3V）的电压作为一个 ADC 输入。参考电压 AVDD，转换对象是 AVDD。

4．实验内容

根据实验原理可知，首先需要将 ADC 进行初始化。

（1）ADC 的初始化。

```
void InitialAD(void)
{
    ADCH &= 0x00;              //清 EOC 标志
    ADCCFG |= 0x80;
    ADCCON3=0xB7;              //单次转换，参考电压为电源电压，对 P07 进行采样 14 位分辨率
    ADCCON1 = 0x30;            //停止 AD

    ADCCON1 |= 0x40;           //启动 AD

}
```

（2）串口的初始化。

```
void initUARTtest(void)
{
    CLKCONCMD &= ~0x40;             //选择外置 32MHz 晶振为系统时钟源
    while(!(SLEEPSTA & 0x40));      //等待晶振稳定
    CLKCONCMD &= ~0x47;             //TICHSPD128 分频，CLKSPD 不分频
    SLEEPCMD |= 0x04;               //关闭不用的 RC 振荡器

    PERCFG|= 0x00;                  //位置 1 P0 口
```

```
    P0SEL |= 0x3C;                //P0 的 5、4、3、2 位为外设口，用于连接串口

    U0CSR |= 0x80;                //UART 方式
    U0GCR |= 10;                  //BAUD_E = 10
    U0BAUD |= 216;                //波特率设为 57600
    UTX0IF = 1;

    U0CSR |= 0x40;                //允许接收
    IEN0 |= 0x88;                 //开总中断，接收中断
}

void UartTX_Send_String(char *Data,int len)
{
  int j;
  for(j=0;j<len;j++)
  {
    U0DBUF = *Data++;
    while(UTX0IF == 0);
    UTX0IF = 0;
  }
}
```

（3）主函数。

```
void main(void)
{

      P0DIR = 0x03;          //P0.0 和 P0.1 控制 LED 灯
      RLED = 1;
      GLED = 1;              //关 LED 灯

      char temp[2];
      uint adc;
      float num;
      initUARTtest();
      InitialAD();           //初始化 ADC
      RLED = 1;
      while(1)
      {
            //初始化串口
            if(ADCCON1&0x80)
            {
                  RLED = 1;             //转换完毕指示
                  temp[1] = ADCL;
                  temp[0] = ADCH;
                  InitialAD();
                  ADCCON1 |= 0x40;     //开始下一转换
                  adc |= (uint)temp[1];
                  adc |= ( (uint) temp[0] )<<8;
                  if(adc&0x8000)adc = 0;
```

```
            num = adc*3.3/8096;
            adcdata[1] = (char)(num)%10+48;
            adcdata[3] = (char)(num*10)%10+48;

            UartTX_Send_String(adcdata,6);  //串口送数，包括空格

            Delay(1000);
            RLED = 0;                       //完成数据处理
            Delay(1000);
        }
    }
}
```

5. 实验步骤

（1）正确连接 CC2530 Debugger 到计算机和 CC2530 协调传感模块，串口线一端连接 CC2530 协调传感模块对应接口，另一端连接计算机。

（2）用 IAR 开发环境打开实验例程，选择 Project→Rebuild All 命令重新编译工程。

（3）将连接好的硬件平台通电，然后将 SMART 仿真软件与开发板进行软连接，选择 Project→Download and debug 命令将程序下载到 CC2530 协调传感模块中。

（4）下载完成后，可以选择 Debug→Go 命令使程序全速运行；也可以将 CC2530 协调传感模块重新上电或者按下复位按钮让刚才下载的程序重新运行。

（5）程序成功运行后，在计算机上打开串口助手或者超级终端，设置接收的波特率为 57600，数据位为 8，奇偶校验为无，停止位为 1，数据流控制为无。

（6）观察串口调试工具接收区显示的数据。

6. 实验现象

打开串口调试工具，设置串口对应的设置，打开串口，如图 14-1 所示。观察接收区显示的数据是否是 3.3V，如果不是 3.3V 请检查电源线是否正确连接。

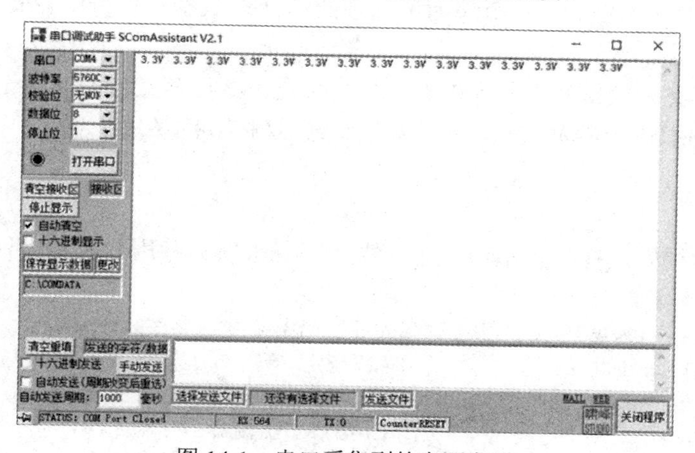

图 14-1　串口采集到的电源电压

实验十五　通过 CC2530 串口向计算机发送数据

1．实验目的

（1）了解和掌握 CC2530 串口的使用方法和初始化方法。

（2）通过串口将数据发送到计算机上。

2．实验环境

（1）CC2530 协调传感模块、串口线、CC2530 Debugger、计算机以及 5V 电源。

（2）软件：Windows 7/XP、IAR 集成环境。

3．实验原理

CC2530 UART 模式提供异步串行接口。在 UART 模式中，接口使用两线或者含有引脚 RXD、TXD、可选 RTS 和 CTS 的四线。

UART 模式的操作具有下列特点：

- 8 位或者 9 位负载数。
- 奇偶校验、偶校验或者无奇偶校验。
- 配置起始位和停止位电平。
- 配置 LSB 或者 MSB 首先传送。
- 独立收发中断。
- 独立收发 DMA 触发。
- 奇偶校验和帧校验出错状态。

UART 模式提供全双工传送，接收器中的位同步不影响发送功能。传送一个 UART 字节包含 1 个起始位、8 个数据位、1 个作为可选项的第 9 位数据或者奇偶校验位再加上 1 个或 2 个停止位。

注意：虽然真实的数据包含 8 位或者 9 位，但是，数据传送只涉及一个字节。

采用 CC2530 协调传感模块的串口，需要设置 UART0 的备用位置 1。

4．实验内容

根据实验原理得知，在配置串口 0 时，需要配置串口的备用位置和进行串口 0 的初始化。

（1）串口初始化。

```
CLKCONCMD &= ~0x40;                //选择外置 32MHz 晶振为系统时钟源
while(!(SLEEPSTA & 0x40));         //等待晶振稳定
CLKCONCMD &= ~0x47;                //TICHSPD128 分频，CLKSPD 不分频
SLEEPCMD |= 0x04;                  //关闭不用的 RC 振荡器

PERCFG|= 0x00;                     //位置 1 P0 口
```

```
    P0SEL |= 0x3C;                  //P0 的 5、4、3、2 位为外设口，用于连接串口

    U0CSR |= 0x80;                  //UART 方式
    U0GCR |= 10;                    //BAUD_E = 10
    U0BAUD |= 216;                  //波特率设为 57600
    UTX0IF = 1;

    U0CSR |= 0x40;                  //允许接收
    IEN0 |= 0x88;                   //开总中断，接收中断
}
```

（2）串口发送函数。

```
void UartTX_Send_String(char *Data,int len)
{
  int j;
  for(j=0;j<len;j++)
  {
    U0DBUF = *Data++;
    while(UTX0IF == 0);
    UTX0IF = 0;
  }
}
```

（3）主函数。

```
void main(void)
{
    uchar i;

    P0DIR = 0x03;                   //P0.0 和 P0.1 控制 LED 灯
    RLED = 0;
    GLED = 1;                       //关 LED 灯

    initUARTtest();
    UartTX_Send_String(Txdata,32);

    for(i=0;i<30;i++)Txdata[i]=' ';

    strcpy(Txdata,"UART0 TX test...\n");          //将 UART0 TX test…赋给 Txdata

    while(1)
    {
      UartTX_Send_String(Txdata,sizeof("UART0 TX Test...\n"));      //串口发送数据
      Delay(1000);                                //延时
    }
}
```

5．实验步骤

（1）正确连接 CC2530 Debugger 到计算机和 CC2530 协调传感模块，串口线一端连接 CC2530 协调传感模块对应接口，另一端连接计算机。

（2）用 IAR 开发环境打开实验例程，选择 Project→Rebuild All 命令重新编译工程。

（3）将连接好的硬件平台通电，然后将 SMART 仿真软件与开发板进行软连接，选择 Project→Download and debug 命令将程序下载到 CC2530 协调传感模块中。

（4）下载完成后，可以选择 Debug→Go 命令使程序全速运行；也可以将 CC2530 协调传感模块重新上电或者按下复位按钮让刚才下载的程序重新运行。

（5）程序成功运行后，在计算机上打开串口助手或者超级终端，设置接收的波特率为 57600，数据位为 8，奇偶校验为无，停止位为 1，数据流控制为无。

（6）观察串口调试工具接收区显示的数据。

6．实验现象

打开串口调试工具，设置串口对应的设置，打开串口，观察数据接收区是否有“UART0 TX test …”信息，如图 15-1 所示。

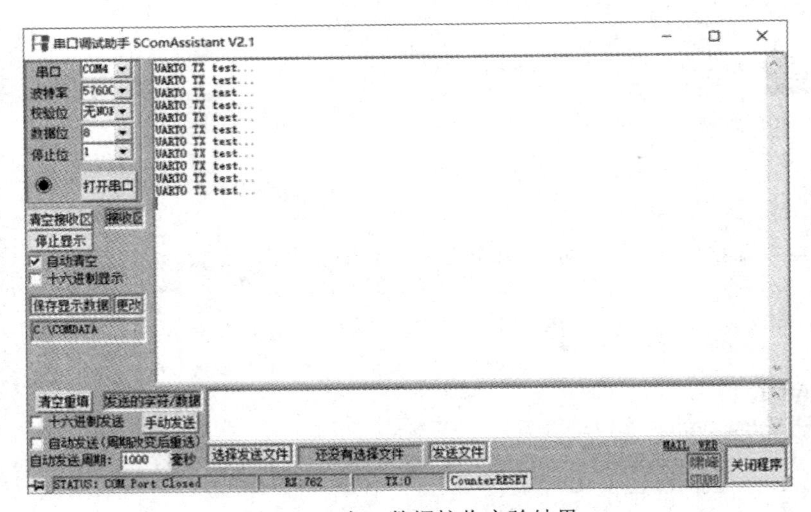

图 15-1　串口数据接收实验结果

实验十六　串口控制 LED 灯

1．实验目的

（1）了解和掌握 CC2530 串口的使用方法和初始化方法。

（2）通过计算机将串口数据发送到 CC2530 板上，根据发送的数据控制 LED 灯的亮灭。

2．实验环境

（1）CC2530 协调传感模块、串口线、CC2530 Debugger、计算机以及 5V 电源。

（2）软件：Windows 7/XP、IAR 集成环境。

3．实验原理

设置对应的串口初始化与实验十五相同，但是还需要设置接收中断，将收到的信息从接收缓冲区取出来。如果是 10#就将 D2 熄灭，如果是 11#就将 D2 亮起；同理，20#将 D1 熄灭，21#将 D1 亮起。

4．实验内容

根据实验原理可知，首先需要进行初始化配置。

（1）串口和 LED 灯的初始化

```
void initUARTtest(void)
{
    CLKCONCMD &= ~0x40;                 //选择外置 32MHz 晶振为系统时钟源
    while(!(SLEEPSTA & 0x40));          //等待晶振稳定
    CLKCONCMD &= ~0x47;                 //TICHSPD128 分频，CLKSPD 不分频
    SLEEPCMD |= 0x04;                   //关闭不用的 RC 振荡器

    PERCFG|= 0x00;                      //位置 1 P0 口
    P0SEL |= 0x3C;                      // P0 的 5、4、3、2 位为外设口，用于连接串口

    U0CSR |= 0x80;                      //UART 方式
    U0GCR |= 10;                        //BAUD_E = 10
    U0BAUD |= 216;                      //波特率设为 57600
    UTX0IF = 1;
    U0CSR |= 0x40;                      //允许接收
    IEN0 |= 0x84;                       //开总中断，接收中断
}
void Init_LED_I/O(void)
{
    P0DIR |= 0x03;                      //P0.0 和 P0.1 控制 LED 灯
    RLED = 1;
    GLED = 1;                           //关 LED 灯
}
```

（2）接收中断的配置。

```
/***************************************************************
*函数功能：串口接收一个字符
*入口参数：无
*返回值：无
*说明：接收完成后打开接收
***************************************************************/
#pragma vector = URX0_VECTOR
__interrupt void UART0_ISR(void)
{
    URX0IF = 0;                //清中断标志
    temp = U0DBUF;
}
```

（3）主函数。

```
void main(void)
{
    uchar i;
    Init_LED_I/O();
    initUARTtest();

    while(1)
    {
      if(RTflag == 1)                //接收
      {
        if( temp != 0)
        {
            if((temp!='#')&&(datanumber<3))    //#被定义为结束字符，最多能接收3个字符
            {
                Recdata[datanumber++] = temp;
            }
            else
            {
              RTflag = 3;            //进入改变小灯的程序
            }
            if(datanumber == 3)
            RTflag = 3;
            temp = 0;
        }
      }
      if(RTflag == 3)
      {
        if(Recdata[0]=='1')
        {
          if(Recdata[1]=='0')
             RLED = 1;          // 10# 关D2
          else
             RLED = 0;          // 11# 开D2
        }
```

```
            if(Recdata[0]=='2')
            {
              if(Recdata[1]=='0')
                GLED = 1;                      // 20#  关 D1
              else
                GLED = 0;                      // 21#  开 D1
            }
            RTflag = 1;
            for(i=0;i<3;i++)Recdata[i]=' ';    //清除刚才的命令
            datanumber = 0;                    //指针归位
        }
    }
}
```

5．实验步骤

（1）正确连接 CC2530 Debugger 到计算机和 CC2530 协调传感模块，串口线一端连接 CC2530 协调传感模块对应接口，另一端连接计算机。

（2）用 IAR 开发环境打开实验例程，选择 Project→Rebuild All 命令重新编译工程。

（3）将连接好的硬件平台通电，然后将 SMART 仿真软件与开发板进行软连接，选择 Project→Download and debug 命令将程序下载到 CC2530 协调传感模块中。

（4）下载完成后，可以选择 Debug→Go 命令使程序全速运行；也可以将 CC2530 协调传感模块重新上电或者按下复位按钮让刚才下载的程序重新运行。

（5）程序成功运行后，在计算机上打开串口助手或者超级终端，设置接收的波特率为 57600，数据位为 8，奇偶校验为无，停止位为 1，数据流控制为无。

（6）观察串口调试工具接收区显示的数据。

6．实验现象

打开重新上电后，在串口发送区分别输入 11#、10#、21#、20#，如图 16-1 所示，查看 D2 与 D1 是否亮灭。

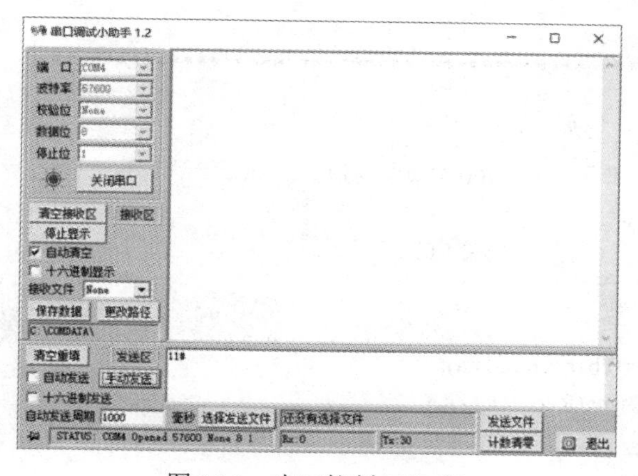

图 16-1　串口控制 LED 灯

实验十七　串口的数据收发

1．实验目的

（1）了解和掌握 CC2530 串口的发送和接收方法。
（2）通过计算机将数据发送 CC2530 的串口上，然后 CC2530 串口再把数据发送给计算机。

2．实验环境

（1）CC2530 协调传感模块、串口线、CC2530 Debugger、计算机以及 5V 电源。
（2）软件：Windows 7/XP、IAR 集成环境。

3．实验原理

实现串口的收发实验，首先需要设置串口的初始化、串口的发送函数和串口的接收函数。串口的初始化已经介绍过了，串口的发送函数是将需要发送的字符串录入，然后一个个发送给计算机，串口的接收中断是将接收到的字符收集起来组成一个字符串，并通过串口发送给计算机。

4．实验内容

根据实验原理，串口的初始化、接收中断以及发送函数前面的实验已经配置过，所以本次实验主要配置主函数，让主函数来控制串口的收发。

```
/**************************************************************
*函数功能：主函数
*入口参数：无
*返回值：无
*说明：无
**************************************************************/
void main(void)
{
      P0DIR = 0x03;               //P0 控制 LED 灯
      RLED = 1;
      GLED = 1;                   //关 LED 灯

      initUARTtest();
      stringlen = strlen((char *)Recdata);
      UartTX_Send_String(Recdata,27);

      while(1)
      {
         if(RTflag == 1)                    //接收
```

```
            {
                GLED=0;                         //接收状态指示
                if( temp != 0)
                {
                    if((temp!='#')&&(datanumber<30))    //#被定义为结束字符，最多能接收 30 个字符
                    {
                      Recdata[datanumber++] = temp;
                    }
                    else
                    {
                      RTflag = 3;                       //进入发送状态
                    }
                    if(datanumber == 30) RTflag = 3;
                    temp = 0;
                }
            }

            if(RTflag == 3)                     //发送
            {
                GLED = 1;                       //关绿色 LED 灯
                RLED = 0;                       //发送状态指示
                U0CSR &= ~0x40;                 //不能收数
                UartTX_Send_String(Recdata,datanumber);
                U0CSR |= 0x40;                  //允许收数
                RTflag = 1;                     //恢复到接收状态
                datanumber = 0;                 //指针归零
                RLED = 1;                       //关发送指示
            }
        }
    }
```

5. 实验步骤

（1）正确连接 CC2530 Debugger 到计算机和 CC2530 协调传感模块，串口线一端连接 CC2530 协调传感模块对应接口，另一端连接计算机。

（2）用 IAR 开发环境打开实验例程，选择 Project→Rebuild All 命令重新编译工程。

（3）将连接好的硬件平台通电，然后将 SMART 仿真软件与开发板进行软连接，选择 Project→Download and debug 命令将程序下载到 CC2530 协调传感模块中。

（4）下载完成后，可以选择 Debug→Go 命令使程序全速运行，也可以将 CC2530 协调传感模块重新上电或者按下复位按钮让刚才下载的程序重新运行。

（5）程序成功运行后，在计算机上打开串口助手或者超级终端，设置接收的波特率为 57600，数据位为 8，奇偶校验为无，停止位为 1，数据流控制为无。

（6）观察串口调试工具接收区显示的数据。

6. 实验现象

打开串口后，发送一串字符串，以#结尾，然后将数据回传回来，如图 17-1 所示。

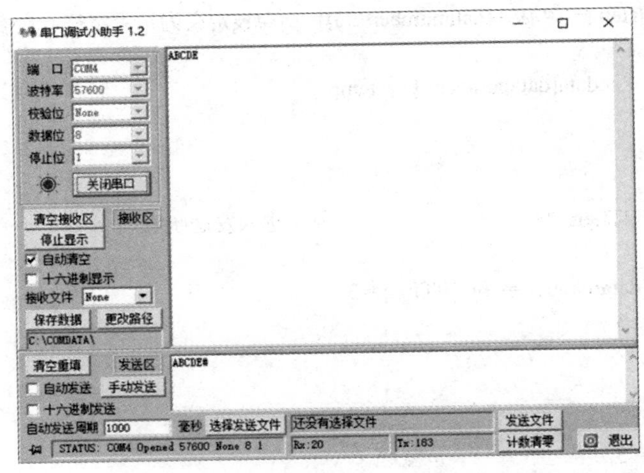

图 17-1 串口收发实验

实验十八　串口的时钟实验

1．实验目的

（1）了解和掌握串口与定时器的计时方法。

（2）实现串口的时钟功能，给串口的时钟赋值，并通过串口打印当前的时间。

2．实验环境

（1）CC2530 协调传感模块、串口线、CC2530 Debugger、计算机以及 5V 电源。

（2）软件：Windows 7/XP、IAR 集成环境。

3．实验原理

实现串口时钟实验需要用一个串口和一个定时器来进行实现，设置定时器中断，1s 后使用串口发送函数将时间发送出去。所以需要配置定时器和串口，并可以通过串口调试工具给计时器赋初值。

4．实验内容

根据实验原理可知，首先需要配置串口和定时器的初始化，串口的初始化和接收中断函数如串口程序所示，在这就只添加定时器的初始化和中断。

（1）定时器的初始化。

```
void InitT1(void)
{
  T1CCTL0 = 0x44;

  T1CC0H = 0x04;
  T1CC0L = 0x00;

  T1CTL |= 0x02;
                    //不分频，定时器 1 从 0x0000 到 0x0400 反复计数

  IEN1 |= 0x02;
  IEN0 |= 0x80;       //开 T1 中断
}
```

（2）定时器的中断函数。

```
#pragma vector = T1_VECTOR
__interrupt void T1_ISR(void)
{
     IRCON &= ~0x02;    //清中断标识
     counter++;
```

```
        if(counter == 250)
        {
            counter = 0;
            timetemp = 1;              //second ++
            RLED = ~RLED;              //测试用
        }
}
```

（3）主函数。

```
void main(void)
{
    InitClock();
    InitT1();
    InitUART0();
    InitI/O();
    UartTX_Send_String(SendData,8);

 do{
        if(timetemp == 1)          //if0
        {
        if(time[2]<59)             //second    //if1
           {
              time[2]++;
           }
        else
           {
                time[2] = 0;
                if(time[1]<59)   //minute    //if2
                {
                      time[1]++;
                }
                else
                {
                   time[1] = 0;
                   if(time[0]<23)     //hour    //if3
                       {
                           time[0]++;
                       }
                  else
                     {
                         time[0] = 0;
                     }               //end if3
             }                       //end if2
        }                            //end if1
        timetemp = 0;
        }                            //end if0
```

```
if(temp != 0)
      {
            Recdata[number++]=temp;
            temp = 0;
      }
/********以上程序段用来计时，最小精度为秒********************/
      if((Recdata[0] == '#')&&(number == 9))        //F0 为设时间的数据段首字节
      {
            time[2] = (Recdata[7]-48)*10+(Recdata[8]-48);
            if(time[2]>59) time[2]=0;

            time[1] = (Recdata[4]-48)*10+(Recdata[5]-48);
            if(time[1]>59) time[1]=0;

            time[0] = (Recdata[1]-48)*10+(Recdata[2]-48);
            if(time[0]>23) time[0]=0;

            GLED = !GLED;                                   //测试用
            Recdata[0] = 0;
            number = 0;
      }

/************************以上程序段用来处理计算机命令*********************/

if(follow_second != time[2])
      {
            SendData[7] = (char)(time[2])%10+48;
            SendData[6] = (char)(time[2])/10+48;
            SendData[4] = (char)(time[1])%10+48;
            SendData[3] = (char)(time[1])/10+48;
            SendData[1] = (char)(time[0])%10+48;
            SendData[0] = (char)(time[0])/10+48;
/**************************以上程序将时间数据打包**********************/
         UartTX_Send_String(SendData,10);
         follow_second = time[2];
      }             //end if
}while(1);
}
```

5．实验步骤

（1）正确连接 CC2530 Debugger 到计算机和 CC2530 协调传感模块。串口线一端连接 CC2530 协调传感模块对应接口，另一端连接计算机。

（2）用 IAR 开发环境打开实验例程，选择 Project→Rebuild All 命令重新编译工程。

（3）将连接好的硬件平台通电，然后将 SMART 仿真软件与开发板进行软连接，选择

Project→Download and debug 命令将程序下载到 CC2530 协调传感模块中。

（4）下载完成后，可以选择 Debug→Go 命令使程序全速运行；也可以将 CC2530 协调传感模块重新上电或者按下复位按钮让刚才下载的程序重新运行。

（5）程序成功运行后，在计算机上打开串口助手或者超级终端，设置接收的波特率为 57600，数据位为 8，奇偶校验为无，停止位为 1，数据流控制为无。

（6）观察串口调试工具接收区显示的数据。

6．实验现象

打开串口，在接收区输入计时器的校正时间，如图 18-1 所示，校正的时间必须是“#00:00:00”的格式，观察串口接收信息的现象。

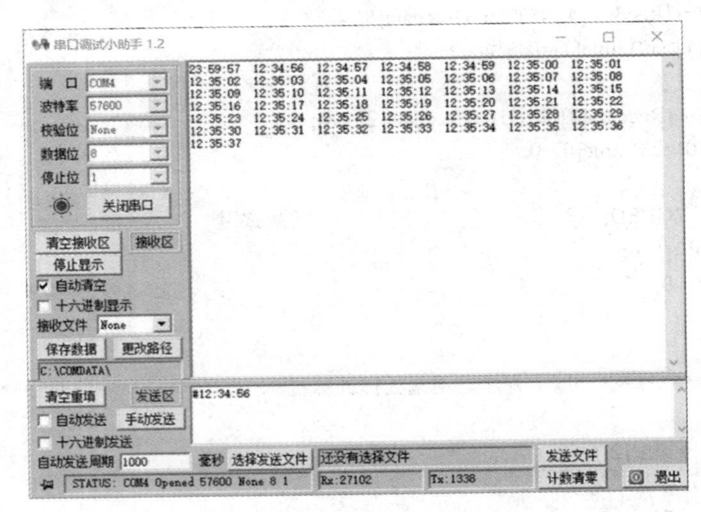

图 18-1 串口时钟实验

实验十九　系统睡眠

1．实验目的

（1）了解和掌握 CC2530 的睡眠定时器的使用。
（2）实现 D1 闪烁 10 次后进入睡眠模式。

2．实验环境

（1）CC2530 协调传感模块、CC2530 Debugger、计算机以及 5V 电源。
（2）软件：Windows 7/XP、IAR 集成环境。

3．实验原理

睡眠定时器是一个 24 位的定时器，运行在 32kHz 的时钟频率（可以是 RCOSC 或 XOSC）上。定时器在复位之后立即启动，如果没有中断就继续运行。定时器的当前值可以从 SFR 寄存器 ST2:ST1:ST0 中读取。在对睡眠定时器初始化时，需要用到 SLEEPCMD 的睡眠模式控制。

4．实验内容

根据实验原理可知，控制睡眠定时器使 CC2530 进入睡眠模式。

（1）睡眠模式的宏定义设置。

```
#define SET_POWER_MODE(mode)
do {
        SLEEPCMD &= ~0x03;
        if(mode == 0)               { SLEEPCMD &= ~0x03; }
        else if (mode == 3)   { SLEEPCMD |= 0x03;   }
        else { SLEEPCMD &= ~0x03; SLEEPCMD |= mode;   }
        PCON |= 0x01;
        asm("NOP");
}while (0)
```

（2）主函数。

```
void main()
{
      uchar count = 0;
      Initial();
      RLED = 0;          //开红色 LED 灯，系统工作指示
      Delay();            //延时

      while(1)
      {
            GLED = !GLED;
```

```
        if(count > 20) SET_POWER_MODE(3);
                              //10 次闪烁后进入睡眠状态
        count++;
        Delay();              //延时函数无形参，只能通过改变系统时钟频率
                              //来改变小灯的闪烁频率
    }
}
```

5. 实验步骤

（1）正确连接 CC2530 Debugger 到计算机和 CC2530 协调传感模块，串口线一端连接 CC2530 协调传感模块对应接口，另一端连接计算机。

（2）用 IAR 开发环境打开实验例程，选择 Project→Rebuild All 命令重新编译工程。

（3）将连接好的硬件平台通电，然后将 SMART 仿真软件与开发板进行软连接，选择 Project→Download and debug 命令将程序下载到 CC2530 协调传感模块中。

（4）下载完成后，可以选择 Debug→Go 命令使程序全速运行；也可以将 CC2530 协调传感模块重新上电或者按下复位按钮让刚才下载的程序重新运行。

（5）程序成功运行后，观察 LED 灯的闪烁情况。

6. 实验现象

代码烧写完成后，重新上电，D1 会闪烁 10 次熄灭，CC2530 进入睡眠模式。

实验二十　系统唤醒

1．实验目的

（1）了解和掌握 CC2530 进入睡眠状态后如何唤醒。
（2）CC2530 进入睡眠状态后，按键唤醒。

2．实验环境

（1）CC2530 协调传感模块、CC2530 Debugger、计算机以及 5V 电源。
（2）软件：Windows 7/XP、IAR 集成环境。

3．实验原理

设置按键中断，当 CC2530 进入睡眠模式后，通过设置 CC2530 的外部中断，即按键 SW1 与按键 SW2 来触发外部中断函数，在外部中断函数里设置睡眠唤醒系统。来自端口引脚或睡眠定时器的使能中断，或上电复位将从其他供电模式唤醒设备，使它回到主动模式。

4．实验内容

根据实验原理可知，睡眠唤醒实验是通过外部中断触发，使 CC2530 重新上电来唤醒它。所以首先需要设置外部中断的初始化和中断触发函数。

（1）外部中断的初始化和触发函数。

```
void Init_I/O_AND_LED(void)
{
    P0DIR = 0x03;
    RLED = 1;
    GLED = 1;

    P0SEL &= ~0x30;
    P0DIR &= ~0x30;
    P0INP &= ~0xC0;        //有上拉、下拉
    P2INP &= ~0x40;        //选择上拉

    P0IEN |= 0xC0;         //P0.7、P0.6 中断使能
    PICTL |= 0x02;         //下降沿

    EA = 1;
    IEN1 |= 0x20;          //设置 IEN1 第 5 位为 1，端口 P0 中断使能

    P0IFG &= 0x00;         //P0 端口中断标志清零
};
```

```
//外部中断的触发函数
#pragma vector = P0INT_VECTOR
__interrupt void P0_ISR(void)
{
      if(P0IFG>0)
      {
        P0IFG = 0;
      }
      P0IF = 0;

      PowerMode(7);
}
```

（2）初始化电源函数。

```
void PowerMode(uchar sel)
{
      uchar i,j;
      i = sel;
      if(sel<4)
      {
            SLEEPCMD &= 0xFC;
            SLEEPCMD |= i;
            for(j=0;j<4;j++);
            PCON = 0x01;          //睡眠
      }
      else
      {
           PCON = 0x00;           //唤醒
      }
}
```

（3）因为睡眠定时器的宏定义在实验十九已有，所以接下来配置主函数。

```
void main()
{
      uchar count = 0;
      Init_I/O_AND_LED();

      RLED = 0 ;        //开红色 LED 灯，系统工作指示
      Delay();          //延时

      while(1)
      {
            GLED = !GLED;
            RLED = 0;
            count++;
            if(count >= 20)
           {
             count = 0;
```

```
        RLED = !RLED;
        PowerMode(3);
          //10 次闪烁后进入睡眠状态
       }

        Delay();    //延时函数无形参，只能通过改变系统时钟频率来改变小灯的闪烁频率
    }
}
```

5．实验步骤

（1）正确连接 CC2530 Debugger 到计算机和 CC2530 协调传感模块，串口线一端连接 CC2530 协调传感模块对应接口，另一端连接计算机。

（2）用 IAR 开发环境打开实验例程，选择 Project→Rebuild All 命令重新编译工程。

（3）将连接好的硬件平台通电，然后将 SMART 仿真软件与开发板进行软连接，选择 Project→Download and debug 命令将程序下载到 CC2530 协调传感模块中。

（4）下载完成后，可以选择 Debug→Go 命令使程序全速运行；也可以将 CC2530 协调传感模块重新上电或者按下复位按钮让刚才下载的程序重新运行。

（5）程序成功运行后，观察 LED 灯的闪烁情况。

6．实验现象

代码烧写成功后，上电后，D1 会飞快地闪烁 10 次，然后 D1 与 D2 熄灭，当有按键按下时，D1 与 D2 会重新点亮，D1 再次闪烁，如此循环。

实验二十一　睡眠定时器的使用

1．实验目的

（1）了解和掌握 CC2530 的睡眠定时器的使用。

（2）实现 D1 与 D2 同时点亮；D2 闪烁 5 次后，D1 与 D2 熄灭；3s 后 D2 再次闪烁 3s，然后 D1 再次被点亮。

2．实验环境

（1）CC2530 协调传感模块、CC2530 Debugger、计算机以及 5V 电源。

（2）软件：Windows 7/XP、IAR 集成环境。

3．实验原理

当定时器的值等于 24 位比较器的值，就发生一次定时器比较。通过写入寄存器 ST2:ST1:ST0 来设置比较值。当 STLOAD.LDRDY 是 1 写入 ST0，发起加载新的比较值，即写入 ST2、ST1 和 ST0 寄存器的最新值。

睡眠定时器使用的寄存器是：

ST2——睡眠定时器 2；

ST1——睡眠定时器 1；

ST0——睡眠定时器 0；

STLOAD——睡眠定时器加载状态；

STCC——睡眠定时器捕获控制；

STCS——睡眠定时器捕获状态；

STCV0——睡眠定时器捕获值字节 0；

STCV1——睡眠定时器捕获值字节 1；

STCV2——睡眠定时器捕获值字节 2。

4．实验内容

根据实验原理可知，需要对睡眠定时器进行初始化。

（1）睡眠定时器的初始化。

```
void Init_SLEEP_TIMER(void)
{
  ST2 = 0x00;
  ST1 = 0x0F;
  ST0 = 0x0F;

  EA = 1;  //开中断
```

```
    STIE = 1;
    STIF = 0;
}
```

（2）在使用睡眠定时器时，需要设置对应的低速时钟和去除其他时钟的影响，下面是选择主时钟去除其他时钟和选择低速时钟的宏定义。

```
/****************************************
//选择主时钟，关闭不用的时钟
****************************************/
#define SET_MAIN_CLOCK_SOURCE(source)
do {
     if(source) {
          CLKCONCMD |= 0x40;                /*RC*/
          while(!(SLEEPSTA&0x20));          /*待稳*/
          SLEEPCMD |= 0x04;                 /*关掉不用的*/
          }
       else {
          SLEEPCMD &= ~0x04;                /*全开*/
          while(!(SLEEPSTA&0x40));          /*待稳*/
          asm("NOP");
          CLKCONCMD &= ~0x47;               /*晶振*/
          SLEEPCMD |= 0x04;                 /*关掉不用的*/
       }
}while (0)

#define CRYSTAL 0
#define RC 1

/****************************************
//选择低速时钟
****************************************/
#define SET_LOW_CLOCK(source)
do{
     (source==RC)?(CLKCONCMD |= 0x80):(CLKCONCMD &= ~0x80);
  }while(0)
```

（3）设置睡眠定时器的睡眠时间和睡眠中断函数。

```
/******************设置睡眠时间***************/
void Set_ST_Period(uint sec)
{
  UINT32 sleepTimer = 0;

  sleepTimer |= ST0;
  sleepTimer |= (UINT32)ST1 <<8;
  sleepTimer |= (UINT32)ST2 << 16;

  sleepTimer += ((UINT32)sec * (UINT32)32768);
```

```
    ST2 = (UINT8)(sleepTimer >> 16);
    ST1 = (UINT8)(sleepTimer >> 8);
    ST0 = (UINT8) sleepTimer;
}
//睡眠中断函数
#pragma vector = ST_VECTOR
__interrupt void ST_ISR(void)
{
    STIF = 0;
    LEDBLINK = 1;
}
```

（4）主函数。

```
/***************************主函数****************************/
void main(void)
{
    SET_MAIN_CLOCK_SOURCE(CRYSTAL);
    SET_LOW_CLOCK(CRYSTAL);
    LED_ENABLE(1);
    LEDBLINK = 0;
    RLED = 1;
    GLED = 0;

    Init_SLEEP_TIMER();
    LedGlint();
    Set_ST_Period(3);
    while(1)
    {

        if(LEDBLINK)
        {
            LedGlint();
            Set_ST_Period(3);
            GLED = !GLED;
            LEDBLINK = 0;
        }
        Delay(100);

    }
}
```

5. 实验步骤

（1）正确连接 CC2530 Debugger 到计算机和 CC2530 协调传感模块，串口线一端连接 CC2530 协调传感模块对应接口，另一端连接计算机。

（2）用 IAR 开发环境打开实验例程，选择 Project→Rebuild All 命令重新编译工程。

（3）将连接好的硬件平台通电，然后将 SMART 仿真软件与开发板进行软连接，选择

Project→Download and debug 命令将程序下载到 CC2530 协调传感模块中。

（4）下载完成后，可以选择 Debug→Go 命令使程序全速运行；也可以将 CC2530 协调传感模块重新上电或者按下复位按钮让刚才下载的程序重新运行。

（5）程序成功运行后，观察 LED 灯的闪烁情况。

6．实验现象

代码烧写成功后，上电后，D2 会飞快地闪烁 5 次，然后 D1 与 D2 熄灭，3s 后 D2 会再次闪烁，闪烁完毕后，D1 被重新点亮。

实验二十二　睡眠定时器的唤醒

1．实验目的

（1）了解和掌握 CC2530 睡眠定时器唤醒的使用。
（2）实现 CC2530 定时唤醒、LED 灯闪烁。

2．实验环境

（1）CC2530 协调传感模块、CC2530 Debugger、计算机以及 5V 电源。
（2）软件：Windows 7/XP、IAR 集成环境。

3．实验原理

CC2530 共有 4 种电源模式：PM0（完全清醒）、PM1（有点瞌睡）、PM2（半醒半睡）、PM3（睡得很死）。越靠后，被关闭的功能越多，功耗也越来越低。PM2 模式比较省电而且可以被定时唤醒；PM3 模式最省电但是只能被外部中断唤醒，所以选用 PM2 模式设置定时来实现睡眠唤醒功能。

4．实验内容

根据实验原理，首先需要设置睡眠定时器的时钟和睡眠模式。
（1）因为睡眠定时器的时钟设置在实验二十一已经有了，下面是睡眠模式的选择。

```
#define SET_POWER_MODE(mode)
do {
    if(mode == 0)          { SLEEPCMD &= ~0x03; }
    else if (mode == 3)    { SLEEPCMD |= 0x03; }
    else { SLEEPCMD &= ~0x03; SLEEPCMD |= mode; }
    PCON |= 0x01;
    asm("NOP");
}while (0)
```

（2）睡眠唤醒采用的是定时唤醒，所以需要设置唤醒的时间，到了时间自动唤醒。

```
/****************************************
//设置 Sleep Timer 唤醒时间
//sec：间隔时间，单位为秒
//无返回
****************************************/
void addToSleepTimer(UINT16 sec)
{
   UINT32 sleepTimer = 0;

   sleepTimer |= ST0;
```

```
    sleepTimer |= (UINT32)ST1 <<8;
    sleepTimer |= (UINT32)ST2 << 16;

    sleepTimer += ((UINT32)sec * (UINT32)32768);

    ST2 = (UINT8)(sleepTimer >> 16);
    ST1 = (UINT8)(sleepTimer >> 8);
    ST0 = (UINT8) sleepTimer;
}
```

（3）睡眠定时器的初始化函数和LED灯的闪烁函数。

```
void Init_SLEEP_TIMER(void)
{
  EA = 1;   //开中断
  STIE = 1;
  STIF = 0;
}

/****************************************
//LED 灯闪烁函数
****************************************/
void LedGlint(void)
{
  uchar n=10;
  while(n--)
  {
    RLED = !RLED;
    GLED = !GLED;
    Delay(10000);
  }
}
```

（4）主函数及中断函数。

```
/***********************主函数************************/
void main(void)
{
  SET_MAIN_CLOCK_SOURCE(CRYSTAL);
  LED_ENABLE(1);
  LedGlint();

  Init_SLEEP_TIMER();
  while(1)
    {
      addToSleepTimer(3);
      SET_POWER_MODE(2);
      LedGlint();
    }
}
```

5．实验步骤

（1）正确连接 CC2530 Debugger 到计算机和 CC2530 协调传感模块，串口线一端连接 CC2530 协调传感模块对应接口，另一端连接计算机。

（2）用 IAR 开发环境打开实验例程，选择 Project→Rebuild All 命令重新编译工程。

（3）将连接好的硬件平台通电，然后将 SMART 仿真软件与开发板进行软连接，选择 Project→Download and debug 命令将程序下载到 CC2530 协调传感模块中。

（4）下载完成后，可以选择 Debug→Go 命令使程序全速运行，也可以将 CC2530 协调传感模块重新上电或者按下复位按钮让刚才下载的程序重新运行。

（5）程序成功运行后，观察 LED 灯的闪烁情况。

6．实验现象

D1 与 D2 同时点亮和关闭，时间间隔为 10s。

实验二十三　看门狗实验

1．实验目的

（1）了解和掌握 CC2530 睡眠定时器唤醒的使用。
（2）实现 CC2530 定时唤醒、LED 灯闪烁。

2．实验环境

（1）CC2530 协调传感模块、CC2530 Debugger、计算机以及 5V 电源。
（2）软件：Windows 7/XP、IAR 集成环境。

3．实验原理

系统复位之后，看门狗定时器就被禁用。要设置 WDT 在看门狗模式，必须设置 WDCTL.MODE[1:0]位为 10，然后看门狗定时器的计数器从 0 开始递增。在看门狗模式下，一旦定时器使能，就不可以禁用定时器，因此，如果 WDT 位已经运行在看门狗模式下，再往 WDCTL.MODE[1:0]写入 00 或 10 就不起作用了。如果计数器达到选定定时器的间隔值，看门狗定时器就为系统产生一个复位信号。如果在计数器达到选定定时器的间隔值之前，执行了一个看门狗清除序列，计数器就复位到 0，并继续递增。看门狗清除的序列包括在一个看门狗时钟周期内，写入 0xA 到 WDCTL.CLR[3:0]，然后写入 0x5 到同一个寄存器位。如果这个序列没有在看门狗周期结束之前执行完毕，看门狗定时器就为系统产生一个复位信号。在看门狗模式下，WDT 使能，就不能通过写入 WDCTL.MODE[1:0]位改变这个模式，且定时器间隔值也不能改变。

4．实验内容

根据实验原理可知，需要对看门狗进行初始化。

（1）看门狗的初始化和时钟的初始化。

```
void Init_Watchdog(void)
{
    WDCTL = 0x00;
    //时间间隔 1s，看门狗模式
    WDCTL |= 0x08;
    //启动看门狗
}
```

（2）主函数。

```
void main(void)
{
    Init_Clock();
```

```
    Init_I/O();

    Init_Watchdog();

    RLED=0;
    Delay(100);
    GLED=0;
    while(1)
    {

    }       //喂狗指令（加入后系统不复位，小灯不闪烁）
}
```

5．实验步骤

（1）正确连接 CC2530 Debugger 到计算机和 CC2530 协调传感模块。串口线一端连接CC2530 协调传感模块对应接口，另一端连接计算机。

（2）用 IAR 开发环境打开实验例程，选择 Project→Rebuild All 命令重新编译工程。

（3）将连接好的硬件平台通电，然后将 SMART 仿真软件与开发板进行软连接，选择 Project→Download and debug 命令将程序下载到 CC2530 协调传感模块中。

（4）下载完成后，可以选择 Debug→Go 命令使程序全速运行；也可以将 CC2530 协调传感模块重新上电或者按下复位按钮让刚才下载的程序重新运行。

（5）程序成功运行后，观察 LED 灯的闪烁情况。

6．实验现象

重新上电后，D1 与 D2 都处于点亮状态，但是 D1 会出现间隔 1s 闪烁一次的现象。

实验二十四　喂狗实验

1．实验目的

（1）了解和掌握 CC2530 睡眠定时器唤醒的使用。

（2）实现 CC2530 定时唤醒、LED 灯闪烁。

2．实验环境

（1）CC2530 协调传感模块、CC2530 Debugger、计算机以及 5V 电源。

（2）软件：Windows 7/XP、IAR 集成环境。

3．实验原理

WDCTL 的后 4 位是清除定时器（喂狗）。当 0xA0 跟随 0x50 写到这些位时，定时器被清除（即加载 0）。注意定时器仅在写入 0xA0 后，在 1 个看门狗时钟周期内写入 0x50 时被清除。当看门狗定时器是 IDLE 时，写这些位没有影响。当运行在定时器模式时，定时器可以通过写 1 到 CLR[0]（不管其他 3 位）被清除为 0x0000（但是不停止）。所以当看门狗饿了之前，给 WDCTL 写入 0xA0 和 0x50，即喂狗成功。

4．实验内容

根据实验原理可知，喂狗的方法就是在看门狗饿了之前给 WDCTL 赋值，所以首先应该写喂狗的函数。

（1）喂狗函数。

```
void FeetDog(void)
{
    WDCTL = 0xA0;
    WDCTL = 0x50;
}
```

（2）由于看门狗的初始化在实验二十三里已设置完成，所以现在只需在主函数里添加喂狗函数即可。

```
void main(void)
{
    Init_Clock();
    Init_I/O();
    Init_Watchdog();

    RLED=0;
    Delay(1000);
    GLED=0;
```

```
    while(1)
    {
        FeetDog();
    }   //喂狗指令（加入后系统不复位，小灯不闪烁）
}
```

5．实验步骤

（1）正确连接 CC2530 Debugger 到计算机和 CC2530 协调传感模块，串口线一端连接 CC2530 协调传感模块对应接口，另一端连接计算机。

（2）用 IAR 开发环境打开实验例程，选择 Project→Rebuild All 命令重新编译工程。

（3）将连接好的硬件平台通电，然后将 SMART 仿真软件与开发板进行软连接，选择 Project→Download and debug 命令将程序下载到 CC2530 协调传感模块中。

（4）下载完成后，可以选择 Debug→Go 命令使程序全速运行；也可以将 CC2530 协调传感模块重新上电或者按下复位按钮让刚才下载的程序重新运行。

（5）程序成功运行后，观察 LED 灯的闪烁情况。

6．实验现象

重新上电后，D2 先亮，D1 再亮，时间间隔大概为 0.5s，然后 D1 与 D2 一直保持亮的状态。

综合实训一　Z-Stack 数据采集传输

1．实验目的

（1）理解 ZigBee 网络的拓扑结构。
（2）掌握 FANTAI ZigBee 传感器透明传输综合应用程序的使用方法。
（3）掌握传感器透明传输数据帧格式。
（4）掌握协调器与上位机通信的方法。

2．实验内容

采集类传感器（温湿度传感器、光照强度传感器、加速度传感器、压力传感器等）与 ZigBee 协调器组网后，将采集信息通过无线链路传输给协调器。协调器通过串口将传感器采样信息交给上位机（计算机或者网关应用软件）。

本实验上位机采用计算机搭建一个类似图 25-1 所示拓扑结构的无线传感器网络。

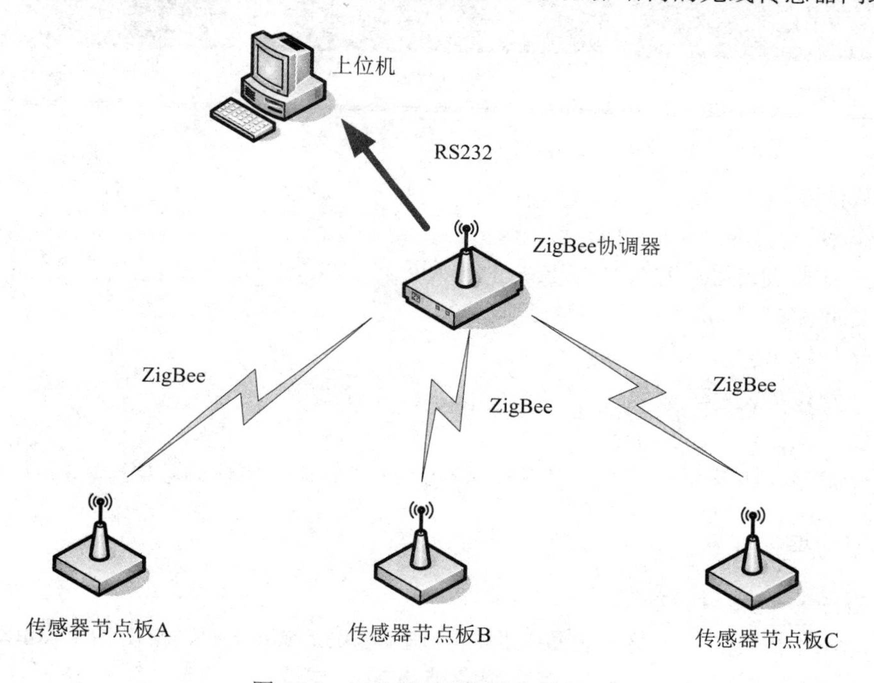

图 25-1　无线传感器网络拓扑结构

传感器节点板 A、B、C 可以选择实验箱中配套的任意采集类传感器节点。

3．实验环境

（1）硬件设备（如图 25-2 所示）。

1）ZigBee 协调器一个。

2）ZigBee 节点板一个以上：温湿度传感器、光线传感器、火焰传感器、光敏传感器、可燃气体传感器等节点任选。

3）计算机一台，RS232 交叉串口线一条，CC2530 Debugger 仿真器一个。

4）5V 直流电源。

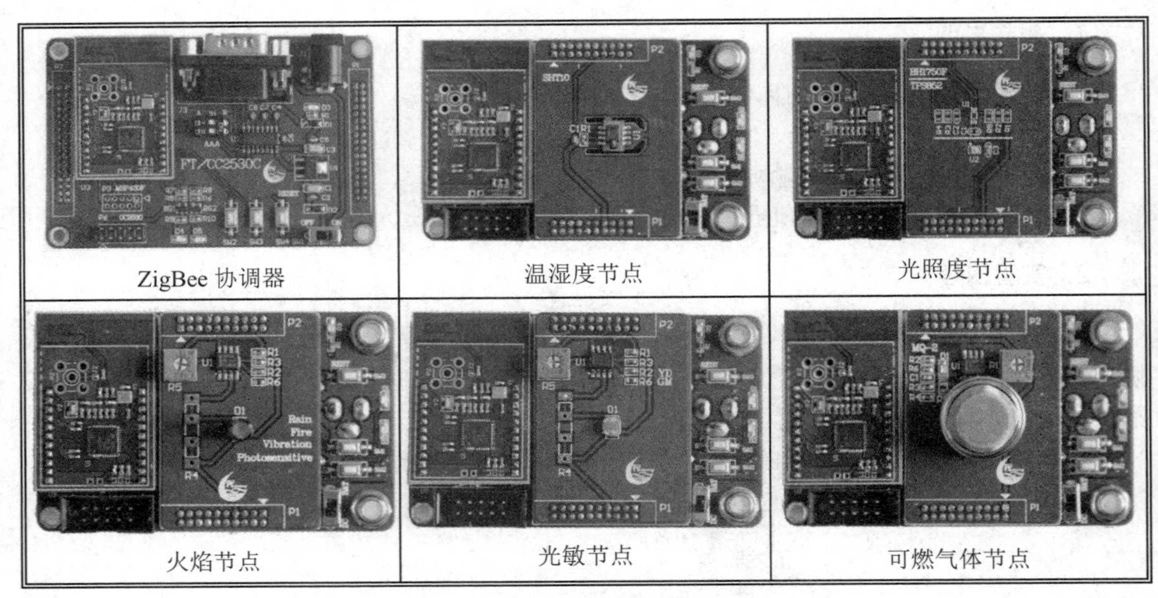

图 25-2　硬件设备

（2）软件环境。

1）操作系统：Windows XP 以上。

2）ZigBee 开发环境：IAR Workbench for MCS51 V7.51/V7.60。

3）串口调试工具。

4）软件开发语言：C。

（3）开发包与文档。

1）开发文档：《本文档》。

2）软件源码：基于 IAR 开发环境编写《Z-Stack 传感器透明传输源程序》V2.4.2 以上版本。

4．实验原理

（1）ZigBee 逻辑设备类型。

ZigBee 网络中存在三种逻辑设备类型：协调器（Coordinator）、路由器（Router）、终端设备（EndDevice），如图 25-3 所示。其中黑色节点为协调器，灰色节点为路由器，白色节点为终端设备。

1）协调器：是整个网络的核心，它主要的作用是启动网络。方法是选择一个相对空闲的信道以及一个 PAN_ID，然后启动网络，它会协助建立网络中的安全层以及处理应用层的绑定。当整个网络启动和配置完成后，协调器的功能就退化为一个普通路由器。

2）路由器：一般情况下，路由器应该一直处于活动状态，不应该休眠。它主要提供接力作用，扩展信号的传输范围，并且允许其他设备加入网络；具有多条路由；能协助它的电池实现电子终端设备通信。

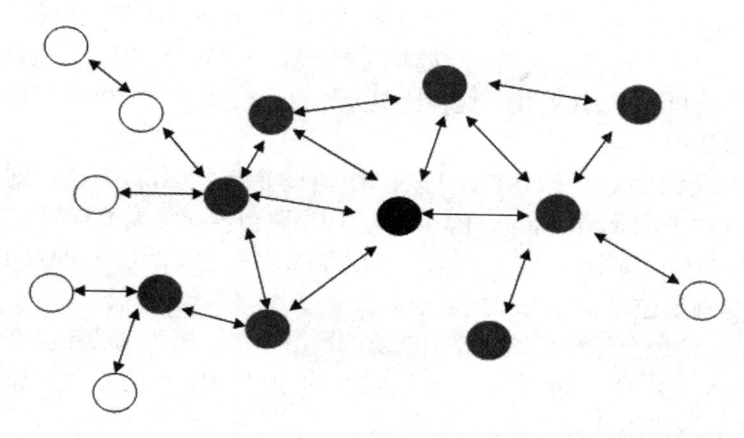

图 25-3　ZigBee 节点类型

3）设备终端：终端设备没有维护网络基础结构的职责，它可以选择睡眠或唤醒。因此，它可以作为一个电池供电节点。一般来说，一个终端设备的存储需求（特别是 RAM）是比较小的。

（2）ZigBee 信道。

ZigBee 网络所使用的 2.4GHz 射频段被划分为 16 个独立的信道。这 16 个独立的信道编号是 11～26，对应的中心频率从 2405MHz，按照 5MHz 进行递增至 2480MHz。ZigBee 的带宽比较宽。在 Z-Stack 中，每一种设备类型都有一个默认的信道集 DEFAULT_CHANLIST 在 f8wConfig.cfg 文件中定义，该文件主要包含 ZigBee 网络的一些配置参数。

信道的分类：

1）专用信道：ZigBee 使用这四个信道（15、20、25、26）用于信标帧的广播，避免被较大功率的 IEEE 802.11b 系统干扰，这四个信道与 IEEE 802.11b 系统的工作信道不重合。

2）一般信道：专用信道外的信道。

ZigBee 信道与 WiFi 信道的比较如图 25-4 所示。

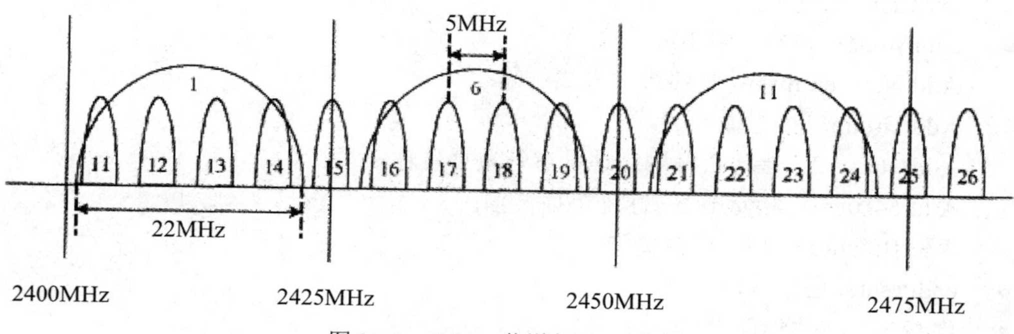

图 25-4　ZigBee 信道与 WiFi 信道

（3）个域网络标识符 PAN_ID。

个域网标识符 PAN_ID 用于区分不同的 ZigBee 网络，该值在 f8wConfig.cfg 文件中定义。

使用时，需注意以下几种情况：

1）如果协调器的 ZDAPP_CONFIG_PAN_ID 值设置为 0xFFFF，则协调器将产生一个随机的 PAN_ID。如果路由器或终端节点的 ZDAPP_CONFIG_PAN_ID 值也设置为 0xFFFF，那么路由器或终端节点将会在自己默认信道上随机选择一个干扰较少、较纯净的网络加入，网络协调器的 PAN_ID 即为自己的 PAN_ID。这种情况会导致当前使用的传感器节点可能会添加到其他协调器组建的网络中。

2）如果协调器的 ZDAPP_CONFIG_PAN_ID 值设置为非 0xFFFF 值，则协调器建立的网络标识符就是 ZDAPP_CONFIG_PAN_ID 的值。如果路由器或终端节点的 ZDAPP_CONFIG_PAN_ID 值也设置为与协调器的 PAN_ID 值相同，那么它就会自动加入 PAN_ID 相同的协调器网络中，而不论当前信道是否存在干扰。

3）如果在默认信道上已经有该 PAN_ID 值的网络存在，则协调器不会在邻近的空间内建立一个有相同 PAN_ID 的无线网络，它会在设置的 PAN_ID 值的基础上加 1，继续搜索新 PAN_ID，直到找到网络不冲突为止。

这样，就有可能产生一些问题：如果协调器因为在默认信道上发生 PAN_ID 冲突而更换 PAN_ID（例如路由器上电状态，而协调器掉电后重新上电，那么协调器新建网络的 PAN_ID 就会自动加 1），而终端节点并不知道协调器已经更换了 PAN_ID，还是继续加入到 PAN_ID 为 ZDAPP_CONFIG_PAN_ID 值的网络中，那么就会造成终端节点没有添加到需要的网络中。若想恢复节点自动添加到本地的协调器中，只需保证协调器、路由器、终端节点都掉电，确保协调器先上电，其他节点再上电，或者三种设备同时重启。

鉴于此，实验箱出厂时，传感器节点均烧写为终端设备类型，控制器节点烧写成终端设备类型或者路由器类型均可。

（4）地址。

每个 ZigBee 设备都有一个 64 位 IEEE 长地址，即 MAC 地址，跟网卡 MAC 一样，它是全球唯一的。但在实际网络中，为了方便，通常用 16 位的短地址来标识自身和识别对方，也称为网络地址。对于协调器来说，短地址为 0x0000，对于路由器和终端来说，短地址是由它们所在网络中的协调器分配的，地址的数据结构如下：

- shortAddr：短地址。
- extAddr：长地址。
- addrMode：单播、组播或广播。

  AddrNotPresent=0：按照绑定方式传输；

  AddrGroup=1：组播；

  Addr16Bit=2：指定目标网络地址进行单播传输；

  Addr64Bit=3：指定 IEEE 地址单播传输；

  AddrBroadcast=15：广播传输。
- endPoint：通信端口。
- PAN_ID：网络 ID 号。

（5）传感器上传至协调器的数据格式。

上位机通过串口向协调器发送命令，可以查询当前协调器组建的网络信道、PAN_ID 命令格式如下：

特殊设置命令							
获得信道和 PAN_ID 命令	CCH	BBH	BBH	DDH			
获得信道和 PAN_ID 命令应答	CCH	1AH	BBH	01H	02H	DDH	1AH：信道 01H 02H：PAN_ID

传感器终端节点上传数据到协调器和温度节点上报数据给协调器时，符合以下数据帧格式。

传感器上传至协调器的数据格式							
标志	长度	父节点地址	本节点地址	类型	数据	校验和	IEEE 地址
FDH	03H	00H　00H	05H 09H	45H		98H	01H 02H 03H 04H 05H 06H 07H 08H
数据标志	类型+数据+校验和+IEEE 地址	父节点短地址	本身的短地址	传感器类型	传感器数据	（类型+数据）/256	ZigBee 的 IEEE 地址（永远在最后 8 位）
1 字节	1 字节	2 字节	2 字节	1 字节	N 字节	1 字节	8 字节
温湿度节点上报给协调器的数据格式							
FDH	0EH	00H　00H	C7H FBH	45H	43H 4BH 11H 30H	14H	33H D2H 6FH 02H 00H 4BH 12H 00H

（6）组网方法。

1）若协调器、路由器、终端设备具有相同的通信信道和网络标识符 PAN_ID（如信道均为 18 号信道，网络 ID 均为 0x1212），保持协调器先上电，确保 ZigBee 网络建立完成。然后路由器、终端设备再上电，那么这些设备会自动添加到已经建立成功的 ZigBee 网络中。

路由器、终端节点上的 D1 闪烁三次后，D2 紧接着闪烁一次，同时协调器上的 D5 也闪烁一次，说明路由器、终端节点成功添加到网络中。

2）若协调器、路由器、终端设备具有相同的通信信道，但网络标识符 PAN_ID 均设置的是 0xFFFF，那么协调器先上电，建立一个随机生成的 PAN_ID 网络。然后时路由器、终端设备再上电，除了设备会自动添加到该网络中外，也可以手动添加。添加方法有两种，分别是：

- 按住 SW2，复位或上电，节点自动添加。
- 连续按 SW2 三次以上，末次按下时保持 3～6s（期间指示灯 D1、D2 全亮），然后松开，等待 3～5s 会看到 D1 闪烁三次，紧接着 D2 闪烁一次，说明在重新找网络，然后成功加入到网络中。

注意：信道不同，路由器和终端设备是不能加入到协调器建立的网络中的。

判断添加入网方式的方法是连续按 SW2 五次：

- 如果灯闪烁五次，说明是第一种方式添加。
- 如果灯只闪烁三次，说明是第二种方式添加。

5. 实验步骤

（1）总体步骤。

1）在计算机上安装 IAR 开发环境－SmartRF Flash Programmer 烧写工具。

2）用交叉串口线连接协调器与计算机板载串口。如果计算机没有可用的板载串口，可以使用 USB 转 RS232 串口线连接（根据提示安装驱动）。

3）协调器外接 5V 直流电源。

4）将协调器通过 CC2530 Debugger 连接到计算机的 USB 口，根据提示安装 CC2530 Debugger 的驱动程序。

5）编译协调器 hex 文件，打开 SmartRF Flash，将协调器的 hex 文件烧入对应的 CC2530 flash 中。

6）将三个传感器节点（温湿度、光线、火焰）接入 5V 直流电源，依次编译传感器节点，连接 CC2530 Debugger 仿真器，将 hex 文件分别烧入对应的节点中。

7）节点板烧写完成后，若 D1 指示灯闪烁三次，紧接着 D2 指示灯闪烁一次，同时协调器上的 D5 指示灯闪烁一次，说明该节点板成功加入到协调器建立的网络中。

8）至此星形网络拓扑结构建立完成。

（2）建立 ZigBee 协调器。

协调器是整个网络的核心，它最主要的作用是启动网络，其方法是选择一个相对空闲的信道以及一个 PAN_ID，然后启动网络，协助建立网络中的安全层以及处理应用层的绑定。当整个网络启动和配置完成后，它的功能就退化为一个普通路由器。

1）进入工程目录“ZStack 传感器透明传输源程序 V2.4.1”，打开工程项目文件\Projects\GenericApp\CC2530DB\GenericApp.eww。

2）将生成目标切换到 CoordiantorEB，如图 25-5 所示。

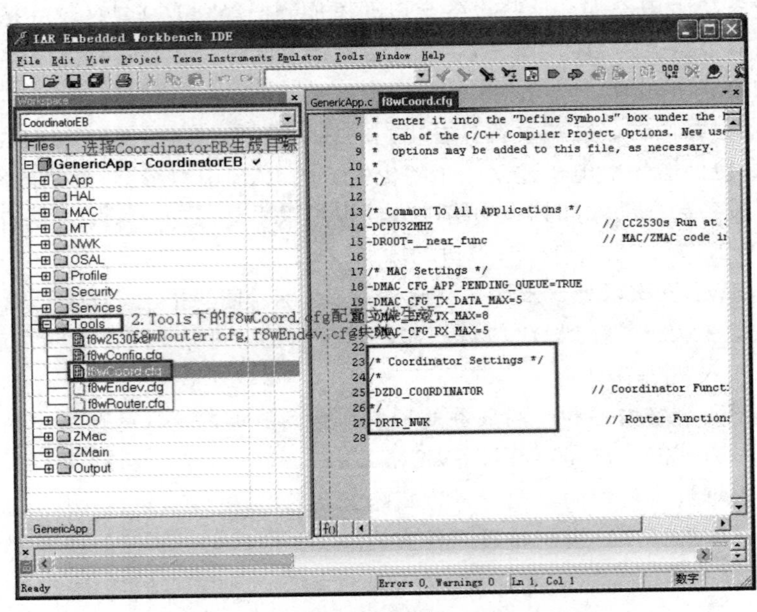

图 25-5 生成目标切换到 CoordiantorEB

3）选中工程项目 GenericApp-CoordinatorEB 并单击右键，在弹出的快捷菜单中选择 Options 命令，如图 25-6 所示。

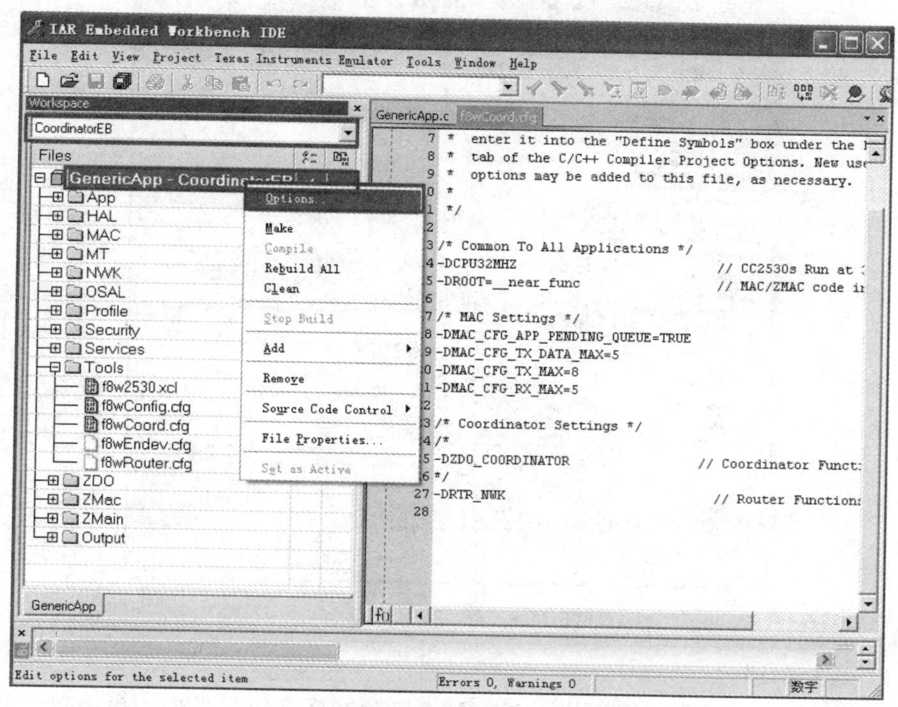

图 25-6　工程选项

4）在弹出的 Options for node “GenericApp”对话框的 Category 框中，选择 C/C++ Compiler 项，在右侧的选项卡中选择 Preprocessor，如图 25-7 所示。下面着重介绍 Defined symbols 框中各个预定义宏的含义，如图 25-8 所示。

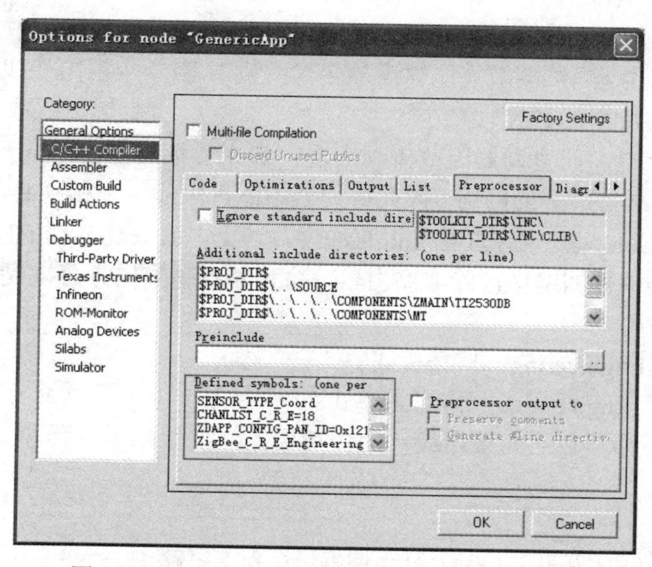

图 25-7　Options for node “GenericApp”对话框

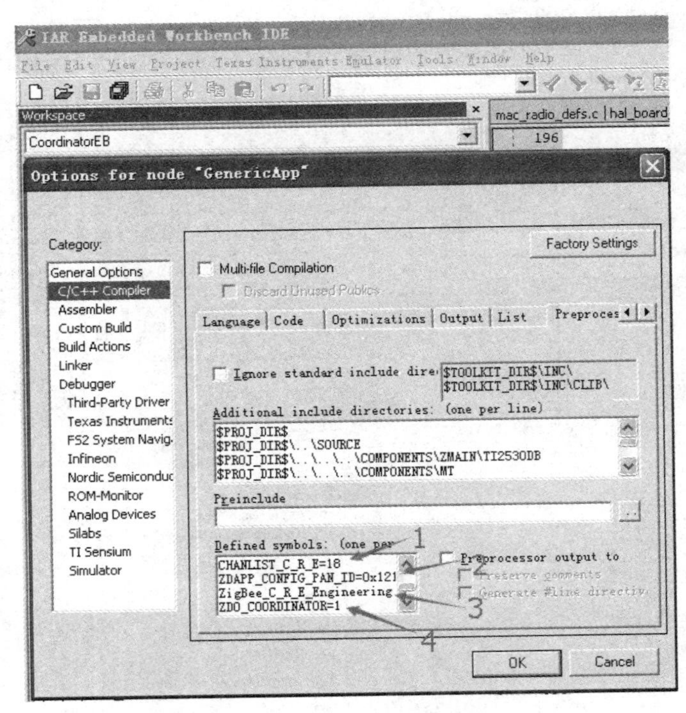

图 25-8 预定义宏的含义

箭头 1：选择信道。

CHANLIST_C_R_E=18，信道范围 11～26。同一网络内信道必须选择相同，不同信道互不干扰。

箭头 2：PAN_ID 设置。

默认 ZDAPP_CONFIG_PAN_ID=0xFFFF。但当协调器 PAN_ID 设置为 0xFFFF 时，协调器将随机分配一个非 0xFFFF 的 PAN_ID，并保持不变。此时路由器或终端节点会根据网络状况选择加入到协调器网络中，有可能出现加入到其他协调器组建的网络中。

为了确保当前路由器、终端节点能够添加到当前协调器的网络中，可以将 PAN_ID 设定为一个确定的值，如此处的 0x1212。

若路由器保持上电，而协调器因故重新上电，那么协调器需要组建一个设定的 PAN_ID 网络，而此时路由器维持原来的网络，因此协调器不能再组建一个相同 PAN_ID 的网络，它会在原设定的 ID 基础上自动加 1。查看是否有冲突，若无，就会建立新的网络。但这会导致其他节点无法添加到协调器网络中，除非路由器、协调器重新上电方可恢复。

箭头 3：传播模式。

ZigBee_C_R_E_Engineering：广播模式。

xZigBee_C_R_E_Engineering：点对点模式。

保证协调器与终端节点之间采用统一的传播模式，要么均为广播模式，要么均为点对点模式。

箭头 4：

ZDO_COORDINATOR=1，1 为主机协调器，0 为主机路由。

当为 0 时，必须有为 1 的协调器建立网络。在网络不消失的情况下（至少有一个路由存在），主机重启，PAN_ID 保持不变，可以正常通信。

当为 1 时，可以建立网络。同一网络如有路由加入，主机断电，必须路由全部断电后主机才能上电，然后路由上电，网络正常通信。

最后，协调器设置通信信道为 18，PAN_ID 为 0x1212，采用广播模式传输信息。

5）在 Category 框中选择 Linker 项，在右侧的选项卡中选择 Output，在该选项内选择下载烧写方式，并为可执行文件命名，如图 25-9 所示。

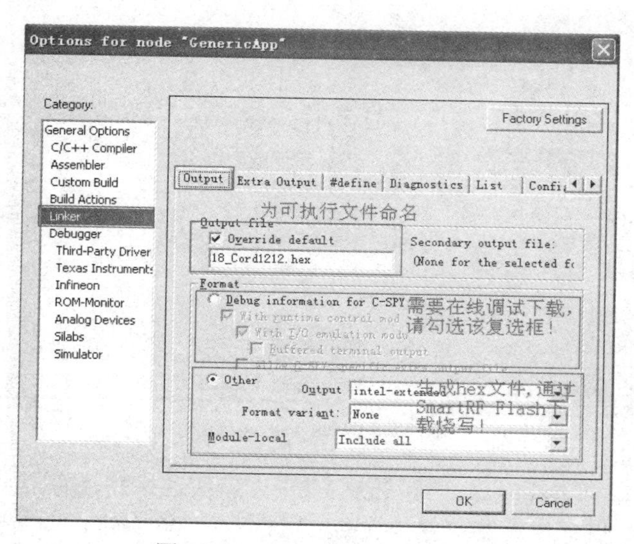

图 25-9 Linker 的 Output 选项

设置完后，单击 OK 按钮，返回到 IAR 代码编辑框，如图 25-10 所示。

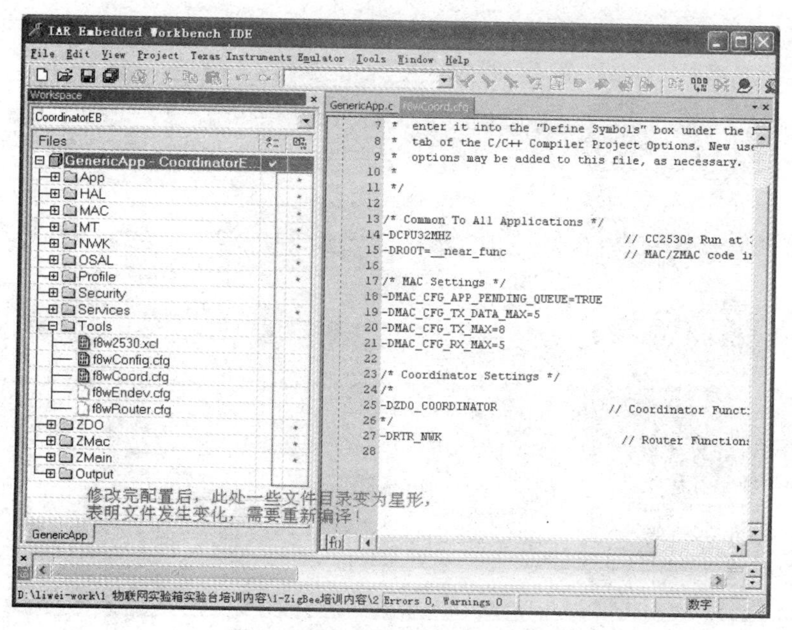

图 25-10 需要重新编译的界面

6）对整个工程进行编译，如图 25-11 所示。

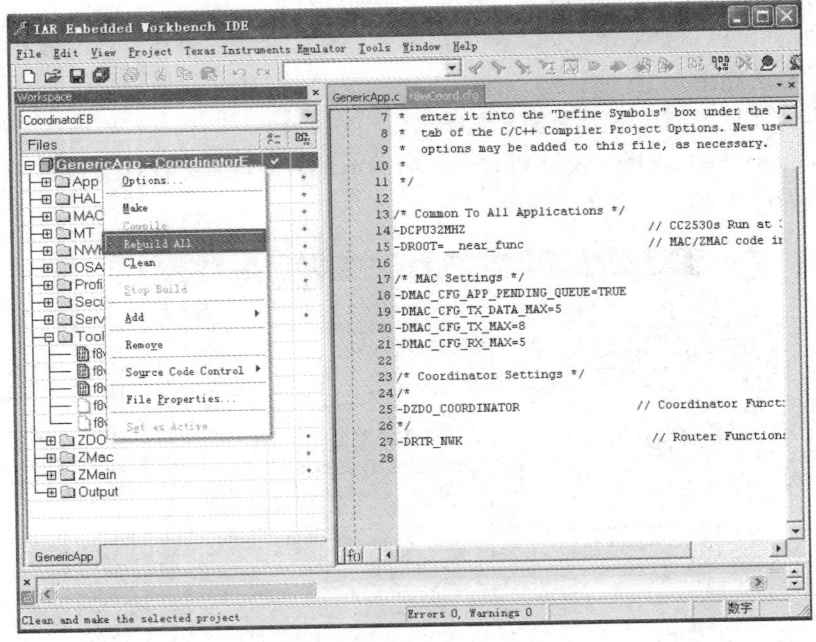

图 25-11　重新编译工程

7）将仿真器 CC2530 Debugger 一端通过 USB 方口线连接到计算机上，另一端连接到协调器板上的 P6 接口上，保证仿真器灰色排线的红色端对应 P6 双排针的 1 脚（板上标注△）。

8）打开 SmartRF Flash 烧写工具。此时若 CC2530 Debugger 红色指示灯亮，则按下灰色排线插头旁边的按钮，指示灯变为绿色，同时烧写工具也会显示探测到的 CC2530 的信息，如图 25-12 所示。

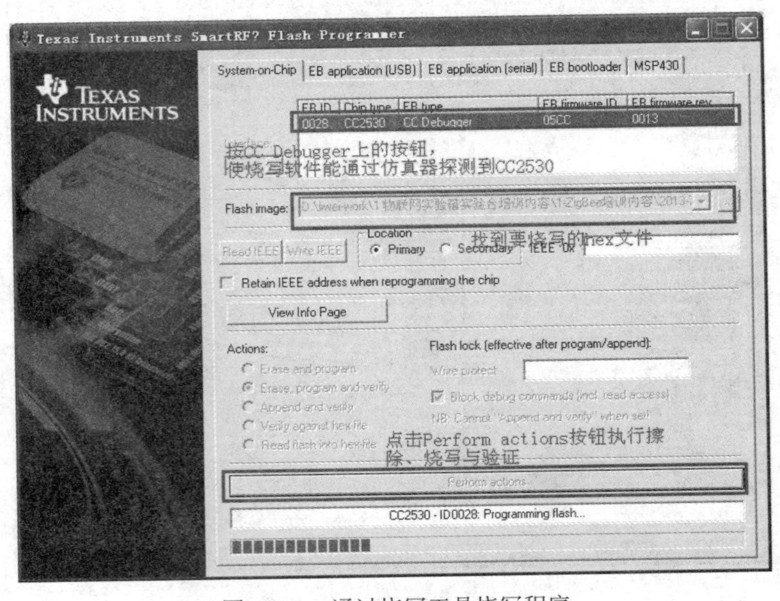

图 25-12　通过烧写工具烧写程序

9）选择要烧写的 hex 文件，位于“ZStack 传感器透明传输源程序\Projects\GenericApp\CC2530DB\Coordinator\Exe”目录下，单击 Perform actions 按钮开始烧写，如图 25-12 所示。

烧写完成后，协调器开始执行程序，建立 ZigBee 网络。

（3）建立 ZigBee 传感器路由节点。

以温湿度节点为例，其他传感器节点类似。

传感器路由节点除了承担数据采集的功能外，还要担任扩展路由的任务。

1）将生成目标切换到 RouterEB，选中工程项目名称 GenericApp-RouterEB，单击右键，在弹出的菜单中选择 Options 命令，如图 25-13 所示。

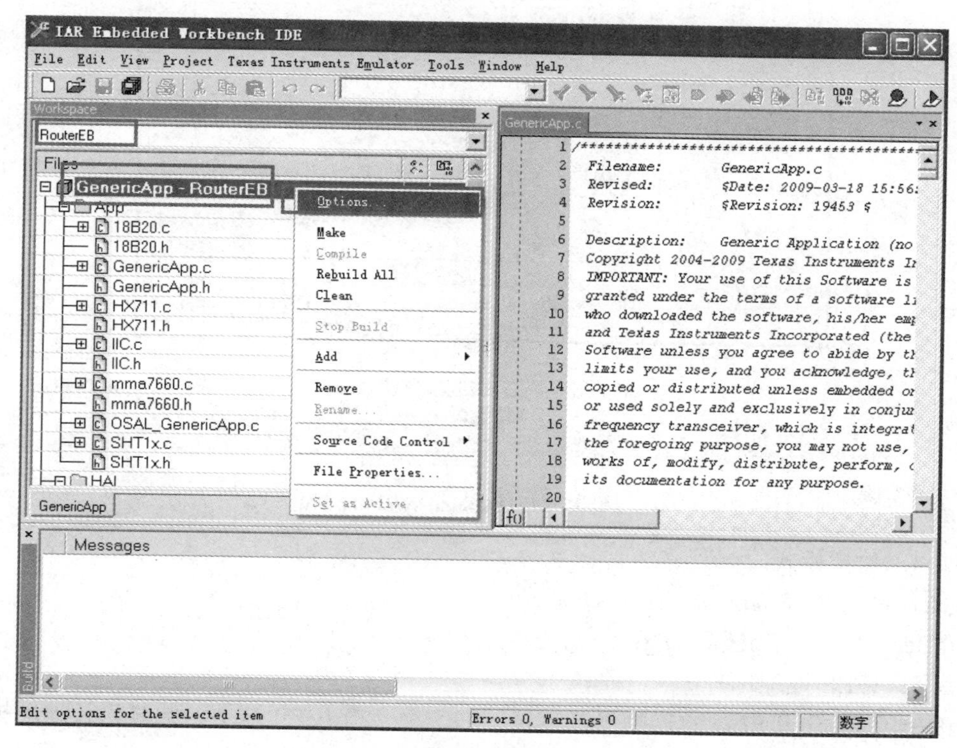

图 25-13　生成目标切换到 RouterEB

2）在弹出的 Options for node“GenericApp”对话框的 Category 框中，选择 C/C++ Compiler 项，在右侧的选项卡中选择 Preprocessor，如图 25-14 所示。下面着重介绍 Defined symbols 对话框中各个预定义宏的含义。

箭头 1：传感器类型选择。

SENSOR_TYPE=0x45。温湿度传感器的类型定义为 0x45，光照度传感器类型定义为 0x21。

箭头 2：选择信道。

CHANLIST_C_R_E=18，信道范围为 11～26。同一网络内信道必须选择相同，不同信道互不干扰。

箭头 3：PAN_ID 设置。

ZDAPP_CONFIG_PAN_ID=0x1212。当 PAN_ID 设置为 0xFFFF 时，路由器和终端节点可以加入同一信道的网络，PAN_ID 和网络协调器相同，并保持不变；当 PAN_ID 设定为其他值时，路由器 PAN_ID 采用当前值，并只能加入同一信道同一 PAN_ID 的网络。

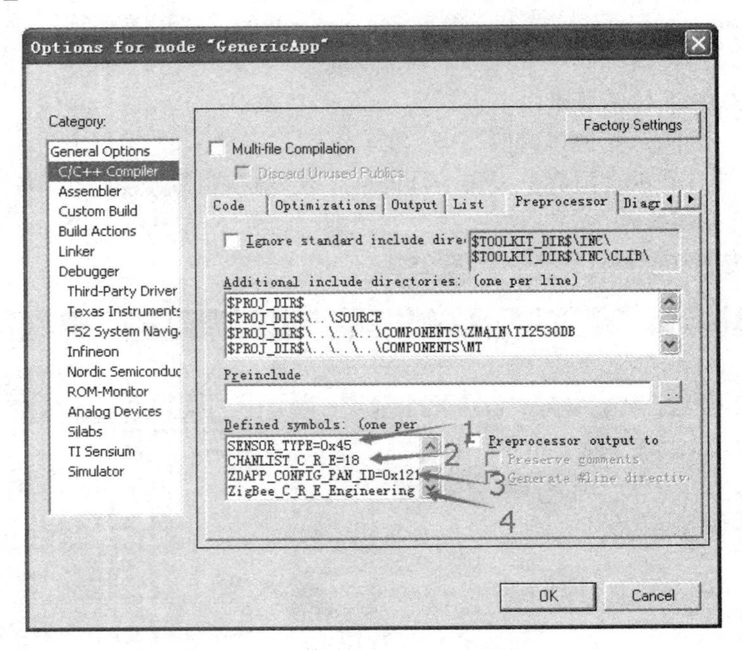

图 25-14 Defined symbols

箭头 4：传播模式。

ZigBee_C_R_E_Engineering：广播模式。

xZigBee_C_R_E_Engineering：点对点模式。

箭头 5：IEEE 地址选择。

ZigBee_C_R_E_IEEE：数据帧格式末尾添加 8 个字节 IEEE 地址，此时为长地址模式。

xZigBee_C_R_E_IEEE：数据帧格式末尾不再添加 8 个字节 IEEE 地址，此时为短地址模式。

箭头 6：传感器短地址字段设置。

SENSOR_TYPE_R_E=0x01：宏定义前无 x 时，节点短地址的高 8 位默认为 0x01，低 8 位为 SENSOR_TYPE 宏定义的值。

xSENSOR_TYPE_R_E=0x01：宏定义前加 x 后，传感器节点的短地址由父节点自动分配。

注意：此处由 SENSOR_TYPE_R_E 和 SENSOR_TYPE 定义的短地址，非真实的短地址，而是标号地址，而且必须是 ZigBee_C_R_E_Engineering 广播模式才可正常通信。

为保证该节点能与协调器正常通信，将该节点的信道设置为 18，PAN_ID 设置为 0x1212，通信方式为广播模式，这样就可保证节点与协调器正常通信。

注意：建议将地址设置为长地址模式。

3）在 Category 框中，选择 Linker 项，在右侧的选项卡中选择 Output，在该选项内选择下载烧写方式，为可执行文件命名，如图 25-15 所示。

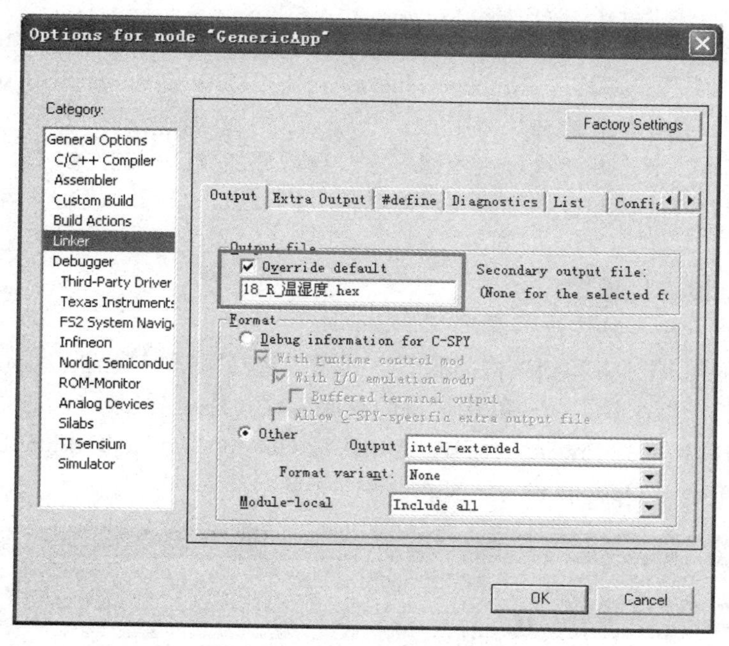

图 25-15　Linker 的 Output 选项

4）重新编译工程，生成针对类型为 0x45 温湿度节点的 hex 文件，如图 25-16 所示。

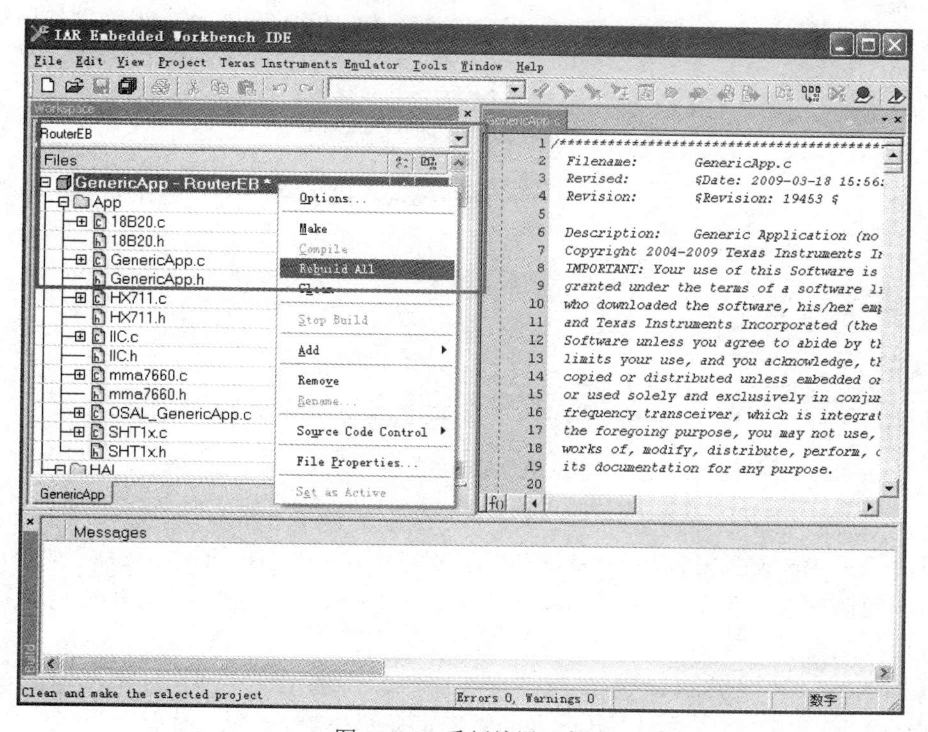

图 25-16　重新编译工程

5）连接仿真器与温湿度节点，将 CC2530 Debugger 灰色排线端插入温湿度节点的 10 芯防插反烧写座上。

6）按照烧写协调器的方法，选择要烧写的 hex 文件 18-R-温湿度节点.hex，该文件位于“ZStack 传感器透明传输源程序\Projects\GenericApp\CC2530DB\RouterEB\Exe”目录下，单击 Perform actions 按钮开始执行烧写终端节点。

7）烧写完成后，节点开始执行接入网程序，自动添加到匹配的网络中。

8）按照同样的方法，配置、编译、烧写其他采样节点，最后组成实验内容中展现的星形网络拓扑结构。

（4）建立 ZigBee 传感器终端节点。

以温湿度节点为例，其他传感器节点类似。

终端设备没有维护网络基础结构的职责，它可以选择睡眠或唤醒。因此，它可以作为一个电池供电节点。一般来说，一个终端设备的存储需求（特别是 RAM）是比较少的。

1）将生成目标切换到 EndDeviceEB，选中工程 GenericApp-EndDeviceEB，单击右键，在弹出的快捷菜单中选择 Options 命令，如图 25-17 所示。

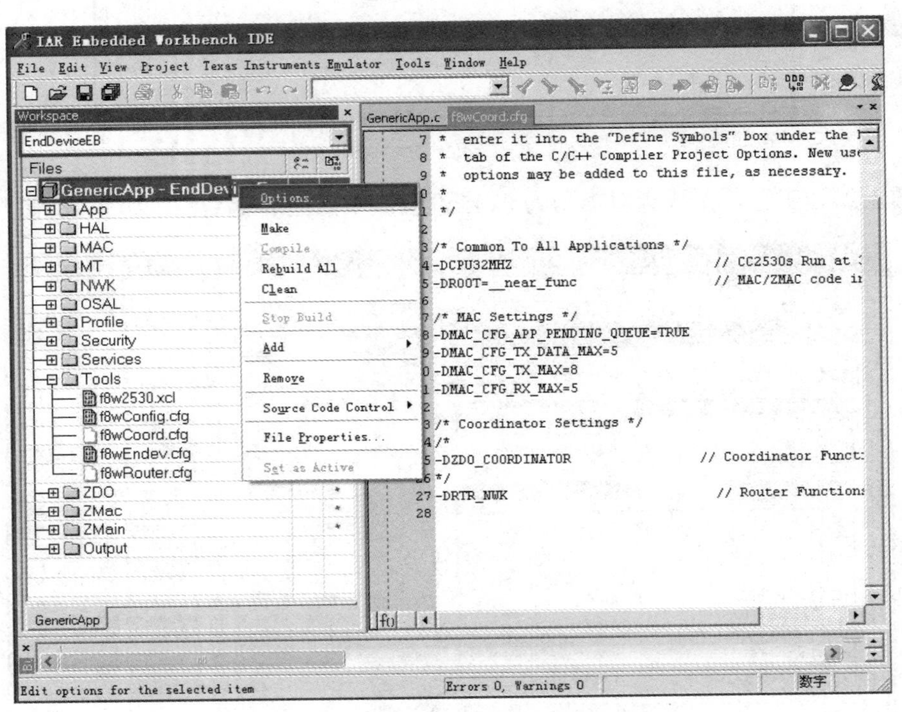

图 25-17　生成目标切换到 EndDeviceEB

2）在弹出的 Options for node “GenericApp”对话框的 Category 框中，选择 C/C++ Compiler 项，在右侧的选项卡中选择 Preprocessor，如图 25-18 所示。下面着重介绍 Defined symbols 对话框中各个预定义宏的含义：

箭头 1：传感器类型选择。

SENSOR_TYPE=0x45。温湿度传感器的类型定义为 0x45，光照度传感器类型定义为 0x21。

箭头 2：选择信道。

CHANLIST_C_R_E=18，信道范围为 11～26。同一网络内信道必须选择相同，不同信道互不干扰。

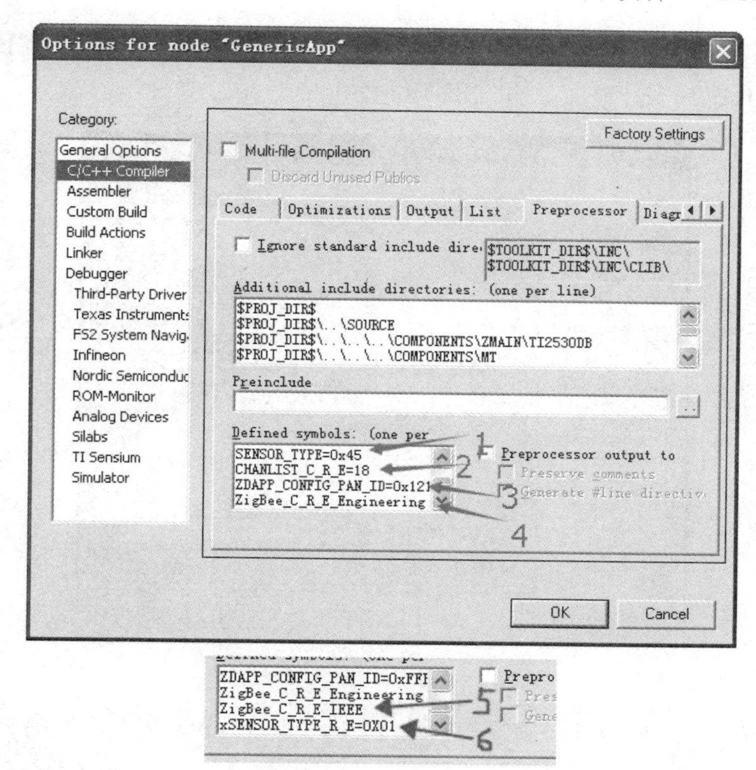

图 25-18　Defined symbols

箭头 3：PAN_ID 设置。

ZDAPP_CONFIG_PAN_ID=0x1212。当 PAN_ID 设置为 0xFFFF 时，路由器和终端节点可以加入同一信道的网络，PAN_ID 和网络协调器相同，并保持不变；当 PAN_ID 设定为其他值时，路由器 PAN_ID 采用当前值，并只能加入同一信道同一 PAN_ID 的网络。

箭头 4：传播模式。

ZigBee_C_R_E_Engineering：广播模式。

xZigBee_C_R_E_Engineering：点对点模式。

箭头 5：IEEE 地址选择。

ZigBee_C_R_E_IEEE：数据帧格式末尾添加 8 个字节 IEEE 地址，此时为长地址模式。

xZigBee_C_R_E_IEEE：数据帧格式末尾不再添加 8 个字节 IEEE 地址，此时为短地址模式。

箭头 6：传感器短地址字段设置。

SENSOR_TYPE_R_E=0x01：宏定义前无 x 时，节点短地址的高 8 位默认为 0x01，低 8 位为 SENSOR_TYPE 宏定义的值。

xSENSOR_TYPE_R_E=0x01：宏定义前加 x 后，传感器节点的短地址由父节点自动分配。

注意：此处由 SENSOR_TYPE_R_E 和 SENSOR_TYPE 定义的短地址，非真实的短地址，而是标号地址，而且必须是 ZigBee_C_R_E_Engineering 广播模式才可正常通信。

为保证该节点能与协调器正常通信，将该节点的信道设置为 18，PAN_ID 设置为 0x1212，通信方式为广播模式，这样就可保证节点与协调器正常通信。

注意：建议将地址设置为长地址模式。

3）在 Category 框中，选择 Linker 项，在右侧的选项卡中选择 Output，在该选项内选择下载烧写方式，为可执行文件命名，如图 25-19 所示。

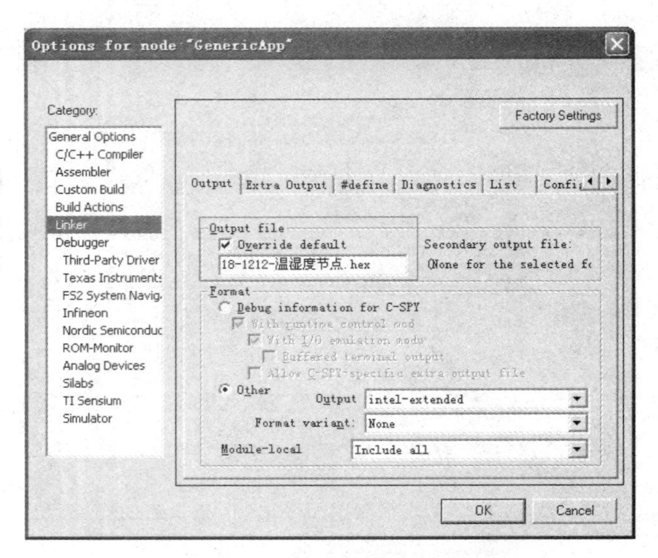

图 25-19 Linker 的 Output 选项

4）重新编译工程，生成针对类型为 0x45 温湿度节点的 hex 文件，如图 25-20 所示。

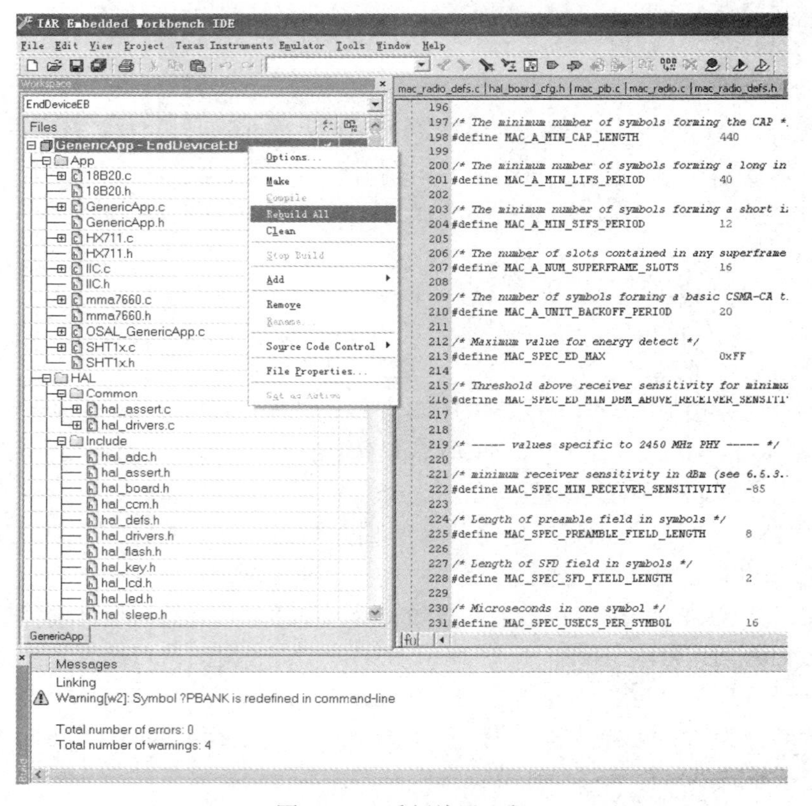

图 25-20 重新编译工程

5）连接仿真器与温湿度节点，将 CC2530 Debugger 灰色排线端插入温湿度节点的 10 芯防插反烧写座上。

6）按照烧写协调器的方法，选择要烧写的 hex 文件 18-1212-温湿度节点.hex，该文件位于“ZStack 传感器透明传输源程序\Projects\GenericApp\CC2530DB\EndDeviceEB\Exe”目录下，单击 Perform actions 按钮开始执行烧写终端节点。

7）烧写完成后，节点开始执行终端设备接入网程序，自动添加到匹配的网络中。

8）按照同样的方法，配置、编译、烧写其他采样节点，最后组成实验内容中展现的星形网络拓扑结构。

（5）组网。

该实验针对的协调器、路由器、终端设备具有相同的通信信道和网络标识符 PAN_ID（本例中，信道均为 18 号信道，网络 ID 均为 0x1212）。

1）保持协调器先上电，确保 ZigBee 网络建立完成。

2）此时路由器节点或终端设备再上电，那么这些设备会自动添加到已经建立成功的 ZigBee 网络中。

3）路由器、终端节点上的 D1 闪烁三次后，D2 紧接着闪烁一次，同时协调器上的 D5 也闪烁一次，说明路由器、终端节点成功添加到网络中。

6. 实验效果

（1）设置串口调试工具。

打开计算机上的串口调试工具，设置串口 COM1（根据情况选择），波特率为 38400，校验位为 NONE（无校验位），8 位数据位，1 位停止位，选中“十六进制显示”复选框。

（2）温湿度节点采样信息上传。

单击温湿度节点的 SW1 按钮（见图 25-21），节点进行一次采样，并把数据形成帧传输给协调器，为按键触发模式。

单击温湿度节点的 SW2 按钮（见图 25-21），节点每隔 10s 左右采样一次，并把数据形成帧传输给协调器，为定时触发模式。

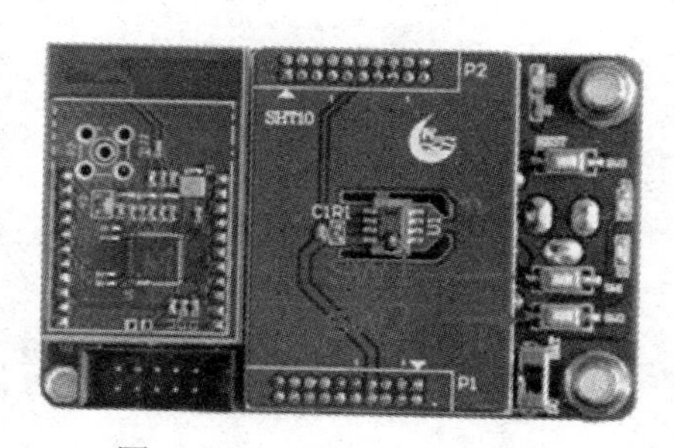

图 25-21 SW1 和 SW2 按钮

（3）查看温湿度节点给协调器发送的信息。

实际设备的部件连接图如图 25-22 所示。

1）当温湿度节点是路由器设备类型时，协调器收到的格式如图 25-23 所示。

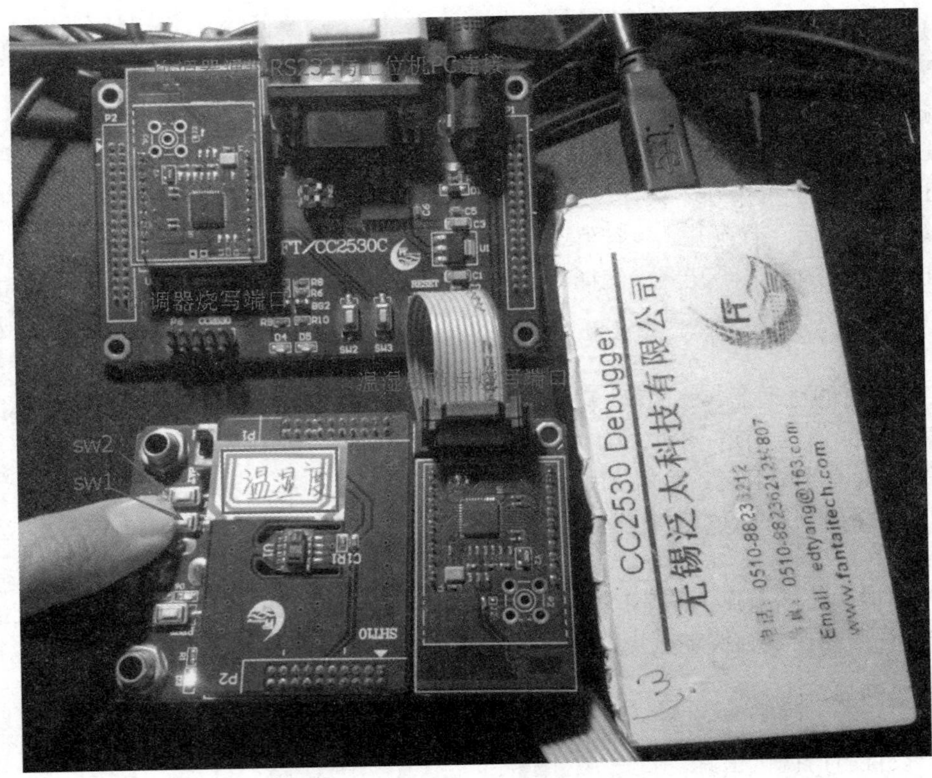

图 25-22 部件连接图

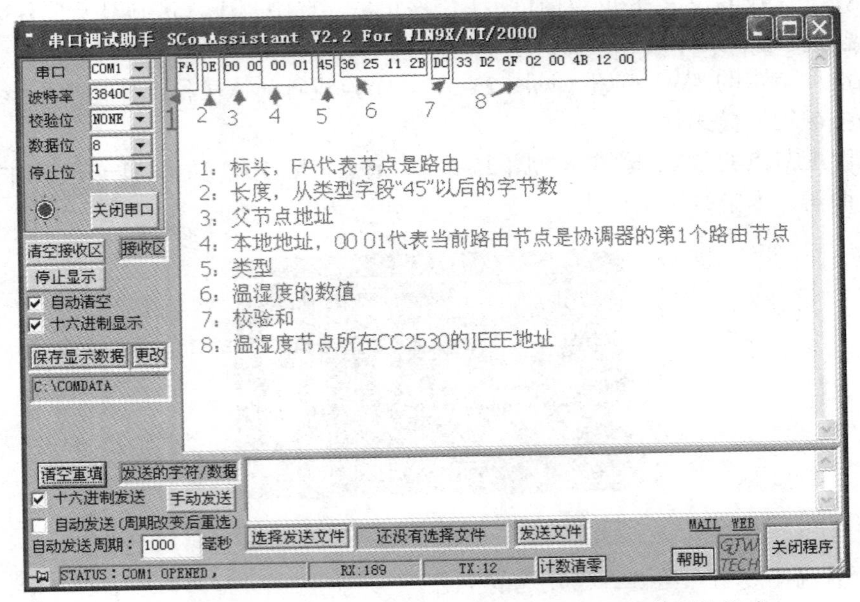

图 25-23 温湿度节点是路由器设备类型时，协调器收到的格式

2）当温湿度节点是终端设备类型时，协调器收到的格式如图 25-24 所示。

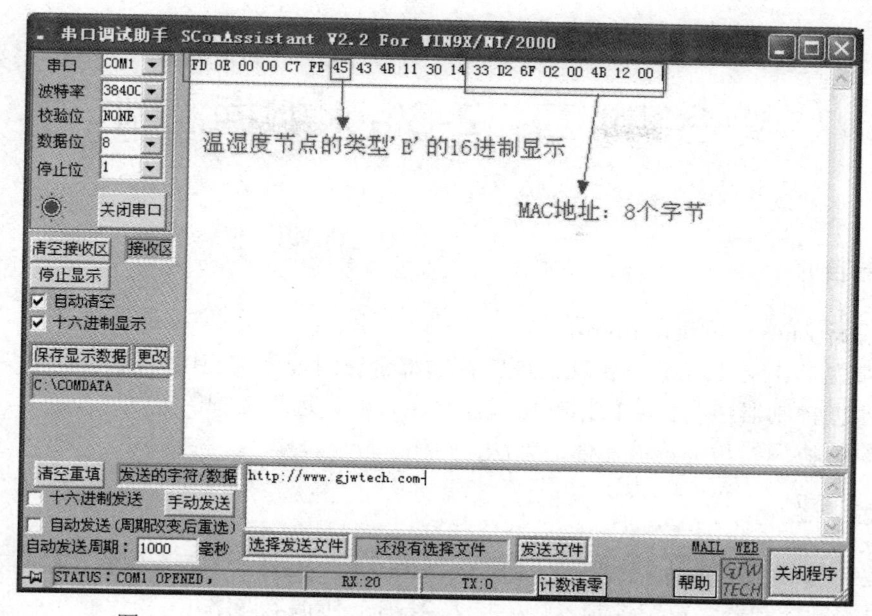

图 25-24　温湿度节点是终端设备类型时，协调器收到的格式

备注：其他采样传感器编译、烧写、使用的方式与温湿度节点的类似，此处不再赘述。

综合实训二　Z-Stack 数据控制

1. 实验目的

（1）理解 ZigBee 网络的拓扑结构。
（2）掌握 FANTAI ZigBee 传感器透明传输综合应用程序的使用方法。
（3）掌握控制器透明传输数据帧格式，以及入网、远程控制的方法。
（4）掌握协调器与上位机通信的方法。

2. 实验内容

确保控制器节点（继电器控制器、LED&BEEP 声光控制器、双数码管控制器、触摸调光控制器、电磁阀控制器、窗帘控制器等）接入 ZigBee 协调器网络。

协调器接收上位机的查询控制器节点（继电器控制器、LED&BEEP 声光控制器、触摸调光控制器、电磁阀控制器、窗帘控制器等）的命令，就在当前网络中广播这些命令。凡是符合查询控制器类型的设备，就会向协调器返回一组与控制器状态有关的数据帧。协调器通过串口将控制器状态信息交给上位机（计算机或者网关应用软件），用户就可以根据控制器数据帧携带的 IEEE 地址区别控制器，远程控制设备。

本实验上位机采用计算机搭建一个类似图 26-1 所示拓扑结构的无线传感器网络。

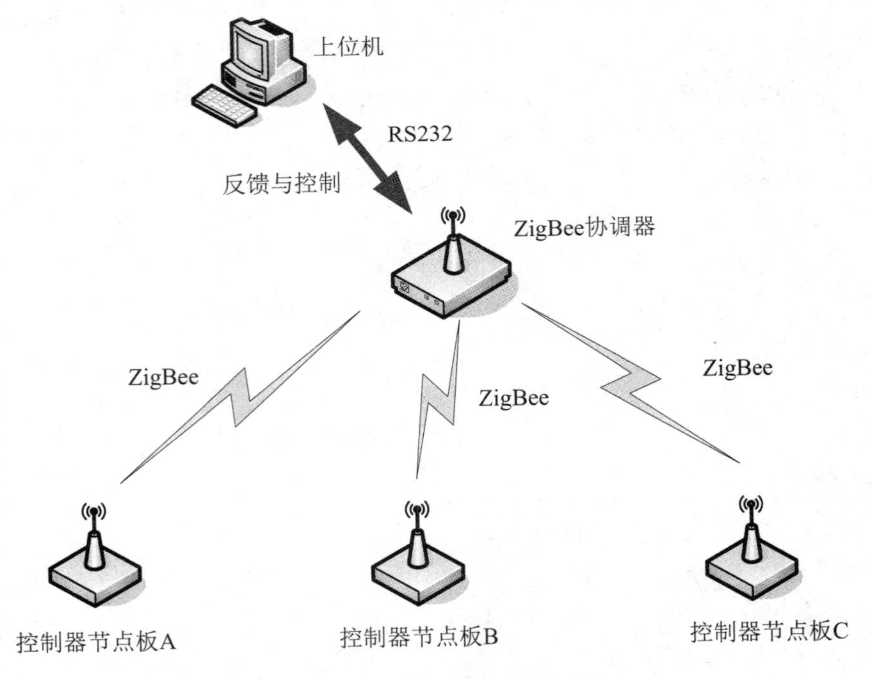

图 26-1　无线传感器网络拓扑结构

控制器节点板 A、B、C 可以选择实验箱中配套的任意控制类节点，如继电器、LED&BEEP、双数码管等。

3．实验环境

（1）硬件设备（如图 26-2 所示）。

1）ZigBee 协调器一个。

2）ZigBee 节点板一个以上：继电器控制、LED&BEEP 声光控制、双数码管显示控制器等节点任选。

3）计算机一台，RS232 交叉串口线一条，CC2530 Debugger 仿真器一个。

4）5V 直流电源。

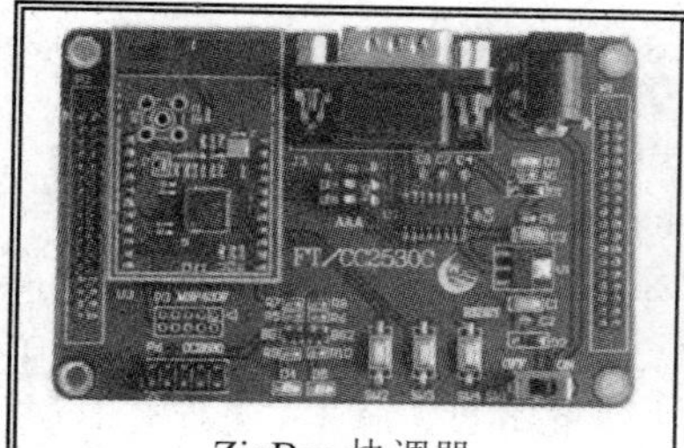

ZigBee 协调器

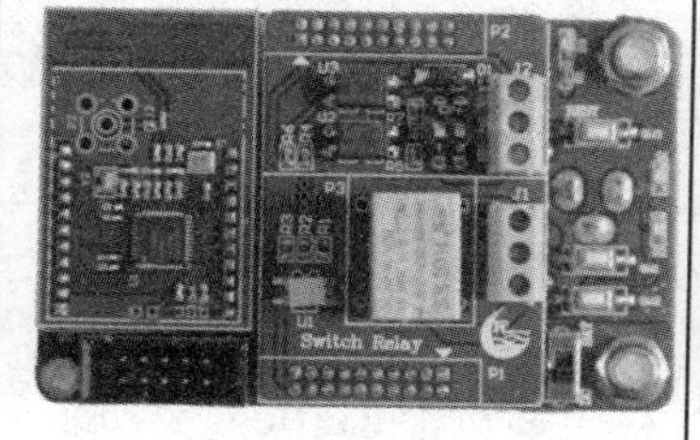

继电器控制节点

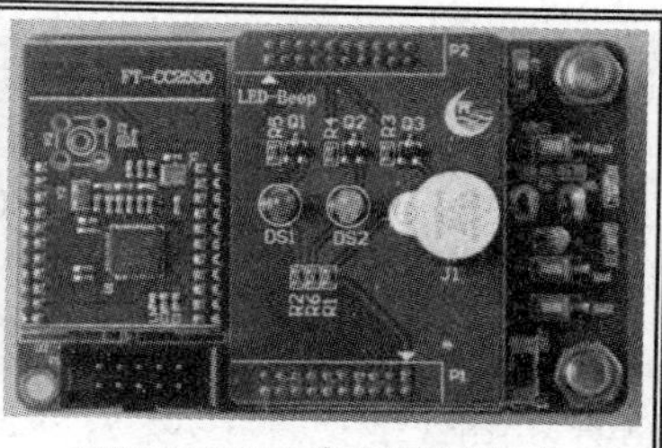

LED&BEEP 声光控制节点

图 26-2 硬件设备

（2）软件环境。

1）操作系统：Windows XP 以上。

2）ZigBee 开发环境：IAR Workbench for MCS51 V7.51/V7.60。

3）串口调试工具。

4）软件开发语言：C。

（3）开发包与文档。

1）开发文档：《本文档》。

2）软件源码：基于 IAR 开发环境编写《Z-Stack 传感器透明传输源程序》V2.4.2 以上版本。

4．实验原理

（1）ZigBee 逻辑设备类型。

ZigBee 网络中存在三种逻辑设备类型：协调器（Coordinator）、路由器（Router）、终端设备（EndDevice）如图 26-3 所示，其中黑色节点为协调器，灰色节点为路由器，白色节点为终端设备。

1）协调器：是整个网络的核心，它主要的作用是启动网络。方法是选择一个相对空闲的信道以及一个 PAN_ID，然后启动网络，协助建立网络中的安全层以及处理应用层的绑定。当整个网络启动和配置完成后，协调器的功能就退化为一个普通路由器。

2）路由器：一般情况下，路由器应该一直处于活动状态，不应该休眠。它主要提供接力作用，扩展信号的传输范围，并且允许其他设备加入网络；具有多条路由；能协助它的电池实现电子终端设备通信。

3）设备终端：终端设备没有维护网络基础结构的职责，它可以选择睡眠或唤醒。因此，它可以作为一个电池供电节点。一般来说，一个终端设备的存储需求（特别是 RAM）是比较小的。

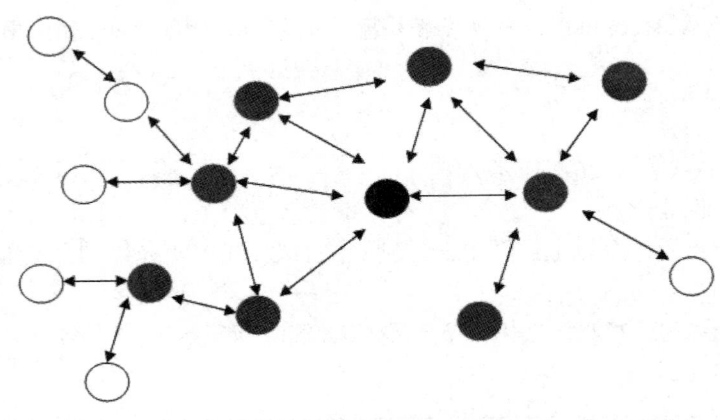

图 26-3 ZigBee 节点类型

（2）ZigBee 信道。

ZigBee 网络所使用的 2.4GHz 射频段被划分为 16 个独立的信道。这 16 个独立的信道编号是 11～26，对应的中心频率从 2405MHz，按照 5MHz 进行递增至 2480MHz。ZigBee 的带宽比较宽。在 Z-Stack 中，每一种设备类型都有一个默认的信道集 DEFAULT_CHANLIST 在 f8wConfig.cfg 文件中定义，该文件主要包含 ZigBee 网络的一些配置参数。

信道的分类：

1）专用信道：ZigBee 使用这四个信道（15、20、25、26）用于信标帧的广播，避免被较大功率的 IEEE 802.11b 系统干扰，这四个信道与 IEEE802.11b 工作信道不重合。

2）一般信道：专用信道外的信道。

ZigBee 信道与 WiFi 信道的比较如图 26-4 所示。

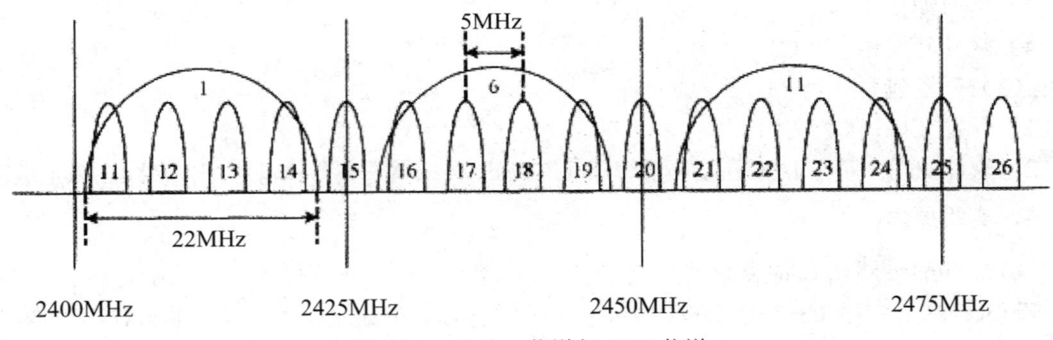

图 26-4 ZigBee 信道与 WiFi 信道

（3）个域网络标识符 PAN_ID。

个域网标识符 PAN_ID 用于区分不同的 ZigBee 网络，该值在 f8wConfig.cfg 文件中定义。使用时需要注意以下几种情况：

1）如果协调器的 ZDAPP_CONFIG_PAN_ID 值设置为 0xFFFF，则协调器将产生一个随机的 PAN_ID。如果路由器或终端节点的 ZDAPP_CONFIG_PAN_ID 值也设置为 0xFFFF，那么路由器或终端节点将会在自己的默认信道上随机选择一个干扰较少、较纯净的网络加入，网络协调器的 PAN_ID 即为自己的 PAN_ID。这种情况会导致当前使用的传感器节点可能会添加到其他协调器组建的网络中。

2）如果协调器的 ZDAPP_CONFIG_PAN_ID 值设置为非 0xFFFF 值，则协调器建立的网络标识符就是 ZDAPP_CONFIG_PAN_ID 的值。如果路由器或终端节点的 ZDAPP_CONFIG_PAN_ID 值也设置为与协调器的 PAN_ID 值相同，那么它就会自动加入 PAN_ID 相同的协调器网络中，而不论当前信道是否存在干扰。

3）如果在默认信道上已经有该 PAN_ID 值的网络存在，则协调器不会在邻近的空间内建立一个有相同 PAN_ID 的无线网络，它会在设置的 PAN_ID 值的基础上加 1，继续搜索新 PAN_ID，直到找到网络不冲突为止。

这样，就有可能产生一些问题：如果协调器因为在默认信道上发生 PAN_ID 冲突而更换 PAN_ID（例如路由器上电状态，而协调器掉电后重新上电，那么协调器新建网络的 PAN_ID 就会自动加 1），而终端节点并不知道协调器已经更换了 PAN_ID，还是继续加入到 PAN_ID 为 ZDAPP_CONFIG_PAN_ID 值的网络中，那么就会造成终端节点没有添加到需要的网络中。若想恢复节点自动添加到本地的协调器中，只需保证协调器、路由器、终端节点都掉电，确保协调器先上电，其他节点再上电，或者三种设备同时重启。

鉴于此，实验箱出厂时，传感器节点均烧写为终端设备类型，控制器节点烧写成终端设备类型或者路由器类型均可。

（4）地址。

每个 ZigBee 设备都有一个 64 位 IEEE 长地址，即 MAC 地址，跟网卡 MAC 一样，它是全球唯一的。但在实际网络中，为了方便，通常用 16 位的短地址来标识自身和识别对方，也称为网络地址。对于协调器来说，短地址为 0x0000，对于路由器和终端来说，短地址是由它们所在网络中的协调器分配的，地址的数据结构如下：

- shortAddr：短地址。
- extAddr：长地址。
- addrMode：单播、组播或广播。
  AddrNotPresent=0：按照绑定方式传输；
  AddrGroup=1：组播；
  Addr16Bit=2：指定目标网络地址进行单播传输；
  Addr64Bit=3：指定 IEEE 地址单播传输；
  AddrBroadcast=15：广播传输。
- endPoint：通信端口。
- PAN_ID：网络 ID 号。

（5）协调器无线控制数据格式。

上位机通过串口向协调器发送命令，可以查询当前协调器组建的网络信道、PAN_ID，命令格式如下：

特殊设置命令							
获得信道和 PAN_ID 命令	CCH	BBH	BBH	DDH			
获得信道和 PAN_ID 命令应答	CCH	1AH	BBH	01H	02H	DDH	1AH：信道 01H 02H：PAN_ID

协调器向所有入网节点发送查询某一控制类型设备的数据命令，命令格式如下：

查询控制节点						
标志	长度	广播	本机	类型	广播	校验
FDH	04H	FFH FFH	00H 00H	XXH	FFH FFH	00H
默认	默认	默认	默认	传感器类型	默认	默认
如查询类型为“K”的继电器设备有几个，IEEE 地址						
FDH	04H	FFH FFH	00H 00H	4BH	FFH FFH	00H

然后协调器就会收到所有入网的继电器设备的数据帧，格式如下：

入网的控制节点返回应答							
标志	长度	父节点	本节点	类型	数据	校验	长地址
FDH	0DH	00H 00H	08H 79H	XXH	AAH AAH AAH	00H	01H 02H 03H 04H 05H 06H 07H 08H
FDH 终端 FAH 路由	类型+数据+校验+长地址	父节点短地址	本节点短地址	传感器类型	默认		节点 IEEE 地址
K 类型的继电器设备返回应答，每一个继电器设备 MAC 地址均不相同，可区别							
FDH	0DH	00H 00H	C7H FBH	4BH	AAH AAH AAH	49H	FDH C0H 6FH 02H 00H 4BH 12H 00H

协调器收到继电器查询命令的应答后，就可以根据 IEEE 地址对其实现控制，命令格式如下：

控制节点命令格式							
标志	长度	节点地址	本机	类型	节点地址	组合命令	长地址
FDH	0EH	X1H X2H	00H 00H	XXH	X1H X2H	N1H N2H N3H	01H 02H 03H 04H 05H 06H 07H 08H
默认	类型+节点地址+组合命令+长地址	控制节点的短地址	默认	传感器类型	控制节点的短地址	组合控制命令	节点 IEEE 地址
协调器向继电器发送“远程开”命令							
FDH	0EH	C7H FBH	00H 00H	4BH	C7H FBH	DDH 01H AAH	FDH C0H 6FH 02H 00H 4BH 12H 00H
协调器向继电器发送“远程开”命令							
FDH	0EH	C7H FBH	00H 00H	4BH	C7H FBH	DDH 01H BBH	FDH C0H 6FH 02H 00H 4BH 12H 00H

控制节点接收到控制命令后返回的应答格式							
标志	长度	父节点	本节点	类型	数据	校验	长地址
FDH	0DH	00H 00H	08H 79H	XXH	BBH BBH BBH	00H	01H 02H 03H 04H 05H 06H 07H 08H
FDH 终端 FAH 路由	类型+数据+校验+长地址	父节点短地址	本节点短地址	传感器类型	默认		节点 IEEE 地址

被控设备的控制命令如下所示：

受控节点，受控采集，组合命令说明				
传感器类型	组合命令			控制说明
K（继电器或强电控制器）	DDH	01H	AAH	继电器开
	DDH	01H	BBH	继电器关
H（窗帘控制器）	DDH	C0H	AAH	窗帘开
	DDH	C0H	BBH	窗帘关
09H（多合一控制板）	DDH	0AH	AAH	DDH：开关量 0AH：设备类型（0AH：电磁阀；0BH：风扇；0CH：补光灯） AAH：状态（AAH：开；BBH：关）
	EAH	00H	AAH	EAH：数码管 00H：显示数值（00H～99H，00H～63H）；AAH：保留
	EBH	ABH	01H	EBH：步进电机 ABH：方向（ABH：正传；BAH：反转；00H：停） 01H：保留（速度：01H～0AH）
S（调光控制器）	ABH	A1H	75H	A1H（A1H：第一路调光；B2H：第二路调光） 75H（00H～75H，00H：灭；75H：最亮）

5．实验步骤

（1）总体步骤。

1）在计算机上安装 IAR 开发环境，SmartRF Flash Programmer 烧写工具。

2）用交叉串口线连接协调器与计算机板载串口。如果计算机没有可用的板载串口，可以使用 USB 转 RS232 串口线连接（根据提示安装驱动）。

3）协调器外接 5V 直流电源。

4）将协调器通过 CC2530 Debugger 连接到计算机的 USB 口，根据提示安装 CC2530 Debugger 的驱动程序。

5）编译协调器 hex 文件，打开 SmartRF Flash，将协调器的 hex 文件烧入对应的 CC2530 Flash 中。

6）将继电器节点接入 5V 直流电源，编译继电器节点程序，连接 CC2530 Debugger 仿真器，将 hex 文件烧入继电器节点中。

7）节点板烧写完成后，若 D1 指示灯闪烁三次，紧接着 D2 指示灯闪烁一次，同时协调器上的 D5 指示灯闪烁一次，说明该节点板成功加入到协调器建立的网络中。

8）至此星形网络拓扑结构建立完成。

（2）建立 ZigBee 协调器。

协调器是整个网络的核心，它最主要的作用是启动网络，其方法是选择一个相对空闲的信道以及一个 PAN_ID，然后启动网络，协助建立网络中的安全层以及处理应用层的绑定。当整个网络启动和配置完成后，它的功能就退化为一个普通路由器。

1）进入工程目录“Z Stack 传感器透明传输源程序 V2.4.2”，打开工程项目文件\Projects\

GenericApp\CC2530DB\GenericApp.eww。

2）将生成目标切换到 CoordiantorEB，如图 26-5 所示。

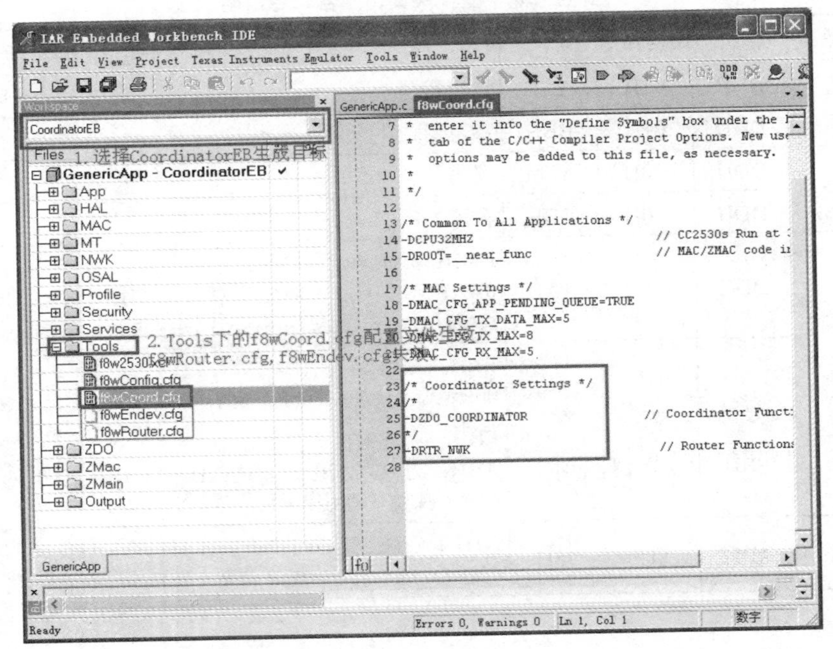

图 26-5　生成目标切换到 CoordiantorEB

（3）选中工程项目 GenericApp-CoordinatorEB，单击右键，在弹出的快捷菜单中选择 Options 命令，如图 26-6 所示。

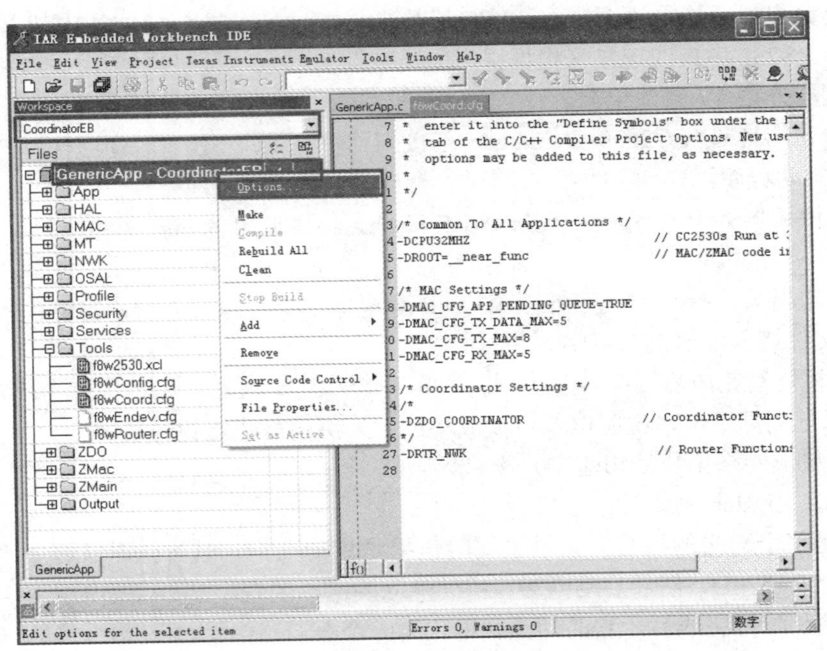

图 26-6　工程选项

4）在弹出的 Options for node “GenericApp”对话框的 Category 框中，选择 C/C++ Compiler 项，在右侧的选项卡中选择 Preprocessor，如图 26-7 所示。下面着重介绍 Defined symbols 框中各个预定义宏的含义，如图 26-8 所示。

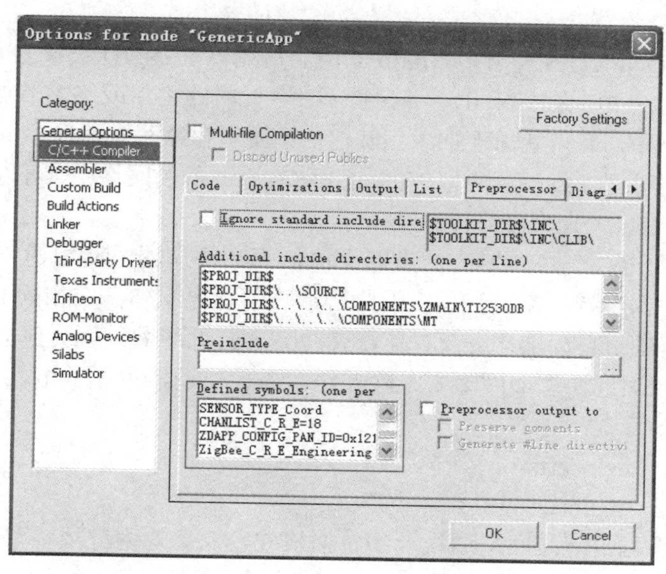

图 26-7　Options for node “GenericApp”对话框

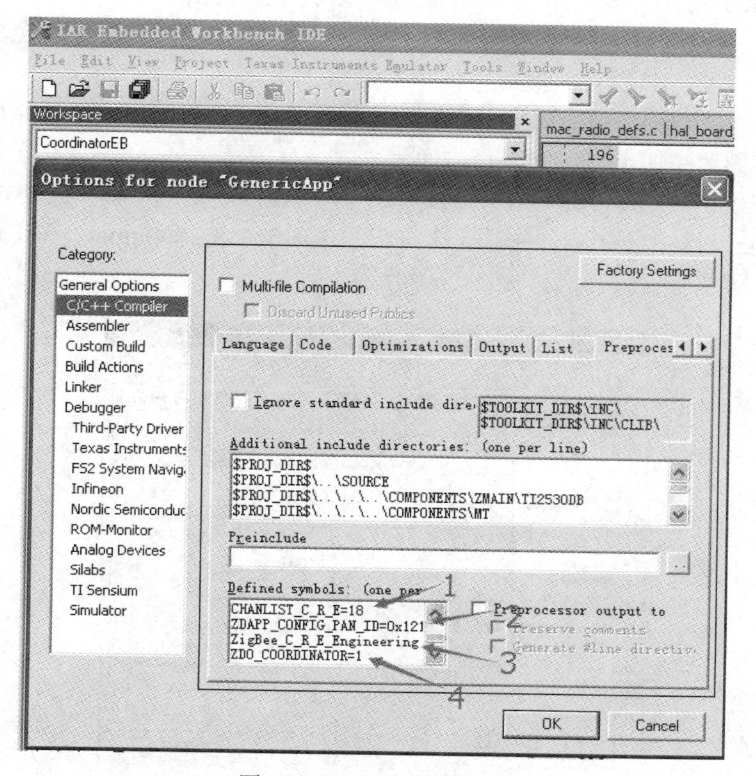

图 26-8　预定义宏的含义

箭头 1：选择信道。

CHANLIST_C_R_E=18，信道范围 11～26。同一网络内信道必须选择相同，不同信道互不干扰。

箭头 2：PAN_ID 设置。

默认 ZDAPP_CONFIG_PAN_ID=0xFFFF。但当协调器 PAN_ID 设置为 0xFFFF 时，协调器将随机分配一个非 0xFFFF 的 PAN_ID，并保持不变。此时路由器或终端节点会根据网络状况选择加入到协调器网络中，有可能出现加入到其他协调器组建的网络中。

为了确保当前路由器、终端节点能够添加到当前协调器的网络中，可以将 PAN_ID 设定为一个确定的值，如此处的 0x1212。

若路由器保持上电，而协调器因故重新上电，那么协调器需要组建一个设定的 PAN_ID 网络，而此时，路由器维持原来的网络，因此协调器不能再组建一个相同 PAN_ID 的网络，它会在原设定的 ID 基础上自动加 1，查看是否有冲突，若无冲突，就会建立新的网络。但这会导致其他节点无法添加到协调器网络中，除非路由器、协调器重新上电，方可恢复。

箭头 3：传播模式

ZigBee_C_R_E_Engineering：广播模式。

xZigBee_C_R_E_Engineering：点对点模式。

保证协调器与终端节点之间采用统一的传播模式，要么均为广播，要么均为点对点模式。

箭头 4：

ZDO_COORDINATOR=1，1 为主机协调器，0 为主机路由。

当为 0 时，必须有为 1 的协调器建立网络。在网络不消失的情况下（至少有一个路由存在），主机重启，PAN_ID 保持不变，可以正常通信。

当为 1 时，可以建立网络。同一网络如有路由加入，主机断电，必须路由全部断电后，主机才能上电，然后路由上电，网络正常通信。

最后，协调器设置通信信道为 18，PAN_ID 为 0x1212，采用广播模式传输信息。

5）在 Category 框中选择 Linker 项，在右侧的选项卡中选择 Output，在该选项内选择下载烧写方式，并为可执行文件命名，如图 26-9 所示。

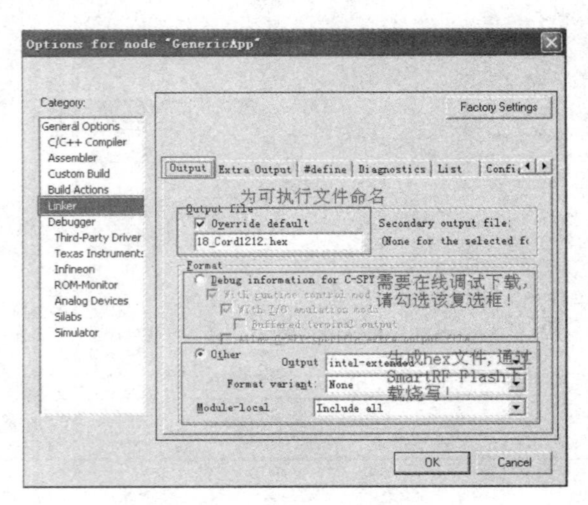

图 26-9 Linker 的 Output 选项

设置完成后，单击 OK 按钮，返回到 IAR 代码编辑框，如图 26-10 所示。

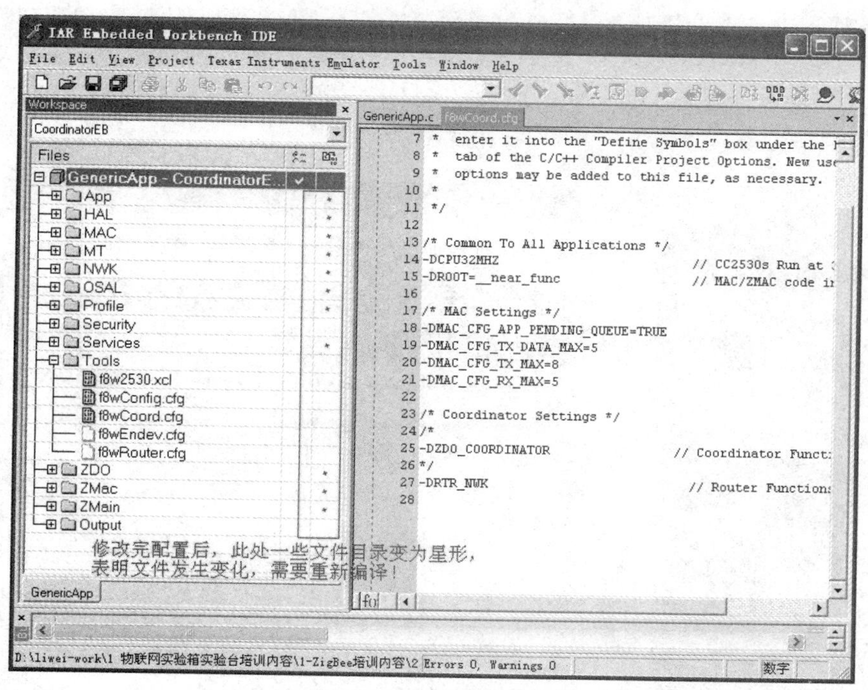

图 26-10　需要重新编译的界面

6）对整个工程进行编译，如图 26-11 所示。

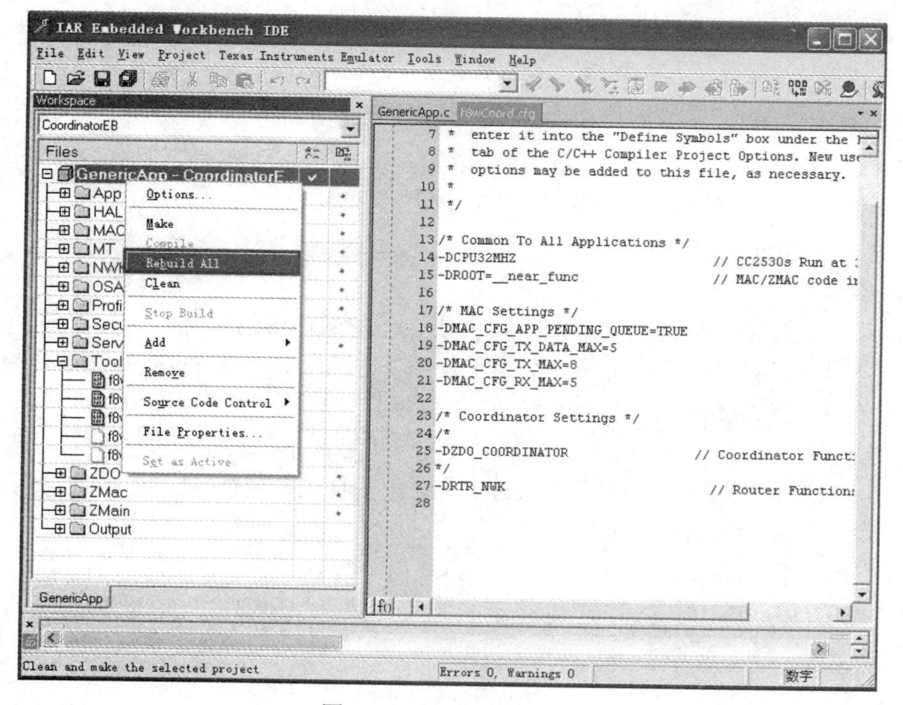

图 26-11　重新编译工程

7）将仿真器 CC2530 Debugger 一端通过 USB 方口线连接到计算机上，另一端连接到协调器板上的 P6 接口上，保证仿真器灰色排线的红色端对应 P6 双排针的 1 脚（板上标注△）。

8）打开 SmartRF Flash 烧写工具。此时若 CC2530 Debugger 红色指示灯亮，则按下灰色排线插头旁边的按钮，指示灯变为绿色，同时烧写工具也会显示探测到的 CC2530 的信息，如图 26-12 所示。

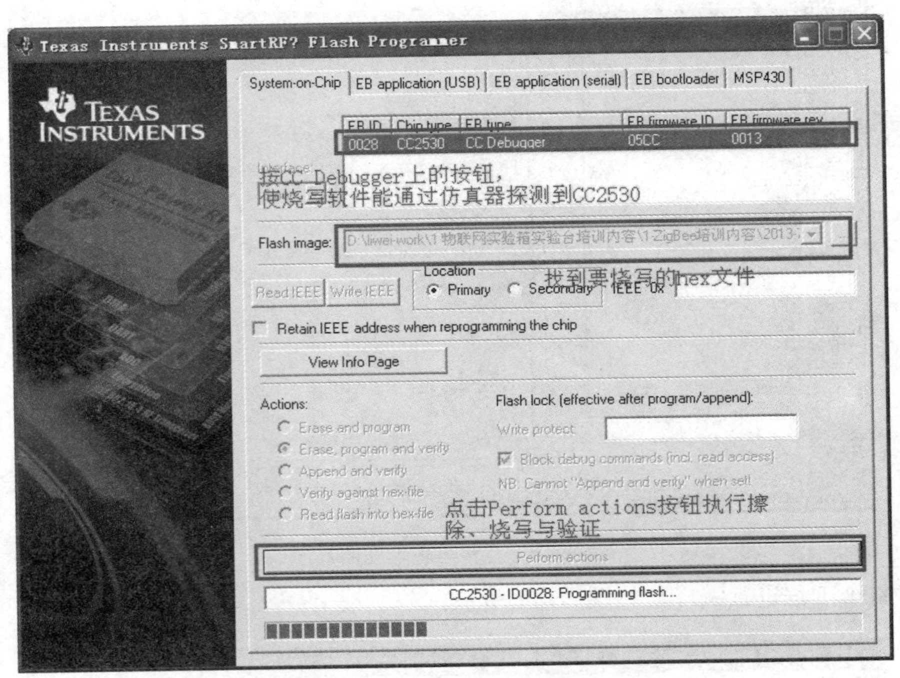

图 26-12　通过烧写工具烧写程序

9）选择要烧写的 hex 文件，位于“ZStack 传感器透明传输源程序\Projects\GenericApp\CC2530DB\Coordinator\Exe 目录下，单击 Perform actions 按钮开始烧写。

烧写完成后，协调器开始执行程序，建立 ZigBee 网络。

（3）建立 ZigBee 控制路由器节点

以继电器节点为例，其他传感器节点类似。

继电器路由节点除了承担控制功能外，还要担任扩展路由的任务。

1）将生成目标切换到 RouterEB，选中工程项目名称 GenericApp-RouterEB，单击右键，在弹出的菜单中选择 Options 命令，如图 26-13 所示。

2）在弹出的 Options for node “GenericApp”对话框的 Category 框中，选择 C/C++ Compiler 项，在右侧的选项卡中选择 Preprocessor，如图 26-14 所示。下面着重介绍 Defined symbols 对话框中各个预定义宏的含义。

箭头 1：传感器类型选择。

SENSOR_TYPE=0x4B。温湿度传感器的类型定义为 0x4B，光照度传感器类型定义为 0x21。

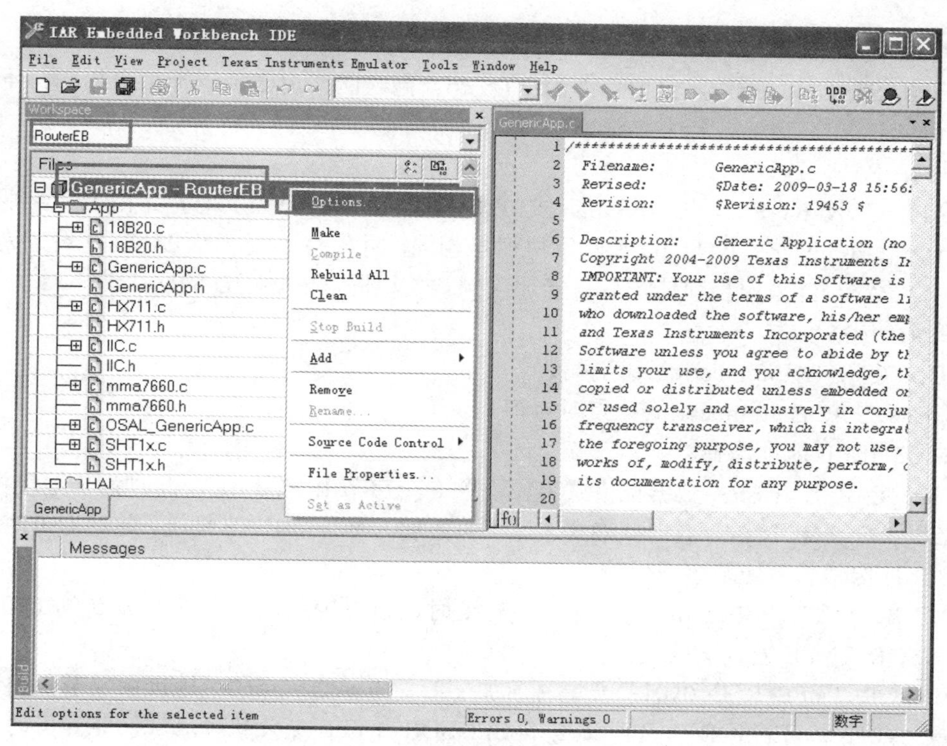

图 26-13　生成目标切换到 RouterEB

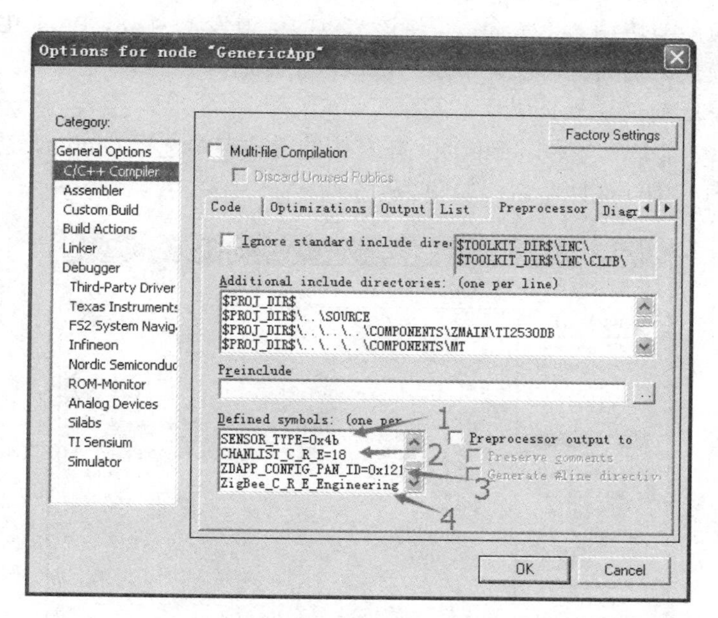

图 26-14　Defined symbols

箭头 2：选择信道。

CHANLIST_C_R_E=18，信道范围为 11～26。同一网络内必须选择信道相同，不同信道互不干扰。

箭头 3：PAN_ID 设置。

ZDAPP_CONFIG_PAN_ID=0x1212。当 PAN_ID 设置为 0xFFFF 时，路由器和终端节点可以加入同一信道的网络，PAN_ID 和网络协调器相同，并保持不变；当 PAN_ID 设定为其他值时，路由器 PAN_ID 采用当前值，并只能加入同一信道同一 PAN_ID 的网络。

箭头 4：传播模式。

ZigBee_C_R_E_Engineering：广播模式。

xZigBee_C_R_E_Engineering：点对点模式。

箭头 5：IEEE 地址选择。

ZigBee_C_R_E_IEEE：数据帧格式末尾添加 8 个字节 IEEE 地址，此时为长地址模式。

xZigBee_C_R_E_IEEE：数据帧格式末尾不再添加 8 个字节 IEEE 地址，此时为短地址模式。

箭头 6：传感器短地址字段设置。

SENSOR_TYPE_R_E=0x01：宏定义前无 x 时，节点短地址的高 8 位默认为 0x01，低 8 位为 SENSOR_TYPE 宏定义的值。

xSENSOR_TYPE_R_E=0x01：宏定义前加 x 后，传感器节点的短地址由父节点自动分配。

注意：此处由 SENSOR_TYPE_R_E 和 SENSOR_TYPE 定义的短地址，非真实的短地址，而是标号地址，而且必须是 ZigBee_C_R_E_Engineering 广播模式才可正常通信。

为保证该节点能与协调器正常通信，将该节点的信道设置为 18，PAN_ID 设置为 0x1212，通信方式为广播模式，这样就可保证节点与协调器正常通信。

注意：建议将地址设置为长地址模式。

3）在 Category 框中，选择 Linker 项，在右侧的选项卡中选择 Output，在该选项内选择下载烧写方式，并为可执行文件命名，如图 26-15 所示。

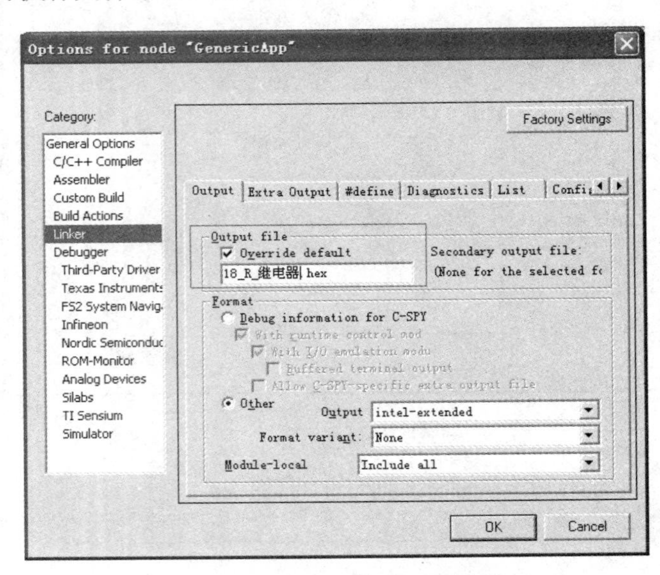

图 26-15　Linker 的 Output 选项

4）重新编译工程，生成针对类型为 0x4B 的继电器 hex 文件，如图 26-16 所示。

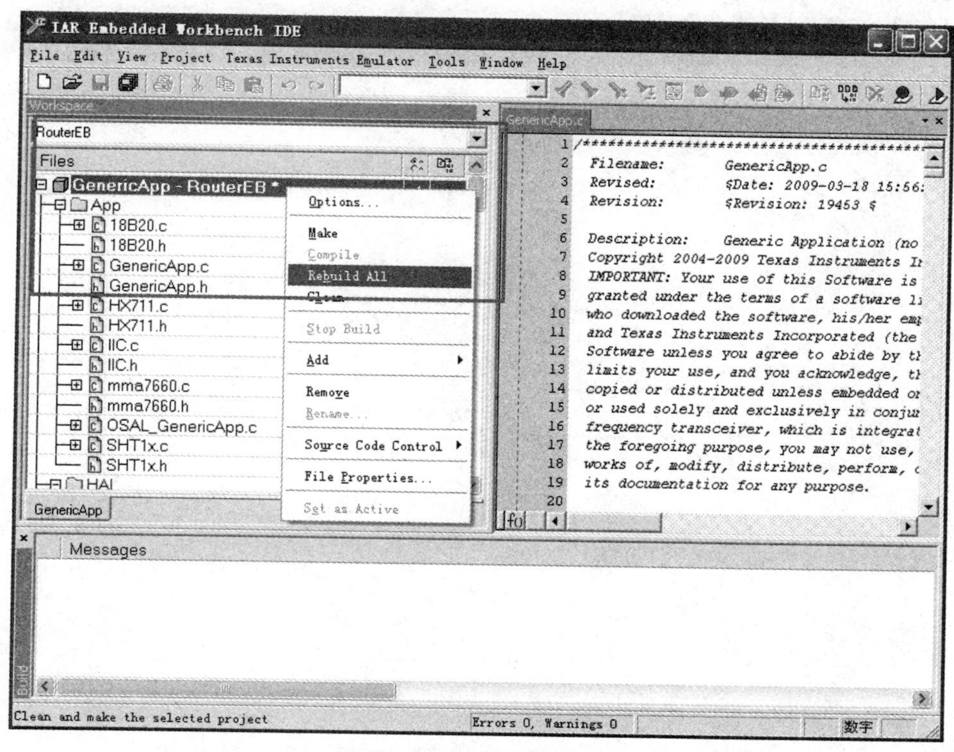

图 26-16　重新编译工程

5）连接仿真器与继电器节点，将 CC2530 Debugger 灰色排线端插入继电器节点的 10 芯防插反烧写座上。

6）按照烧写协调器的方法，选择要烧写的 hex 文件 18-R-继电器.hex，该文件位于“ZStack 传感器透明传输源程序\Projects\GenericApp\CC2530DB\RouterEB\Exe”目录下，单击 Perform actions 按钮开始执行烧写终端节点。

7）烧写完成后，节点开始执行接入网程序，自动添加到匹配的网络中。

8）按照同样的方法，配置、编译、烧写其他采样节点，最后组成实验内容中展现的星形网络拓扑结构。

（4）建立 ZigBee 控制终端节点。

以继电器节点为例，其他传感器节点类似。

终端设备没有维护网络基础结构的职责，它可以选择睡眠或唤醒。因此，它可以作为一个电池供电节点。一般来说，一个终端设备的存储需求（特别是 RAM）是比较少的。

1）将生成目标切换到 EndDeviceEB，选中工程 GenericApp-EndDeviceEB，单击右键，在弹出的快捷菜单中选择 Options 命令，如图 26-17 所示。

2）在弹出的 Options for node “GenericApp”对话框的 Category 框中，选择 C/C++ Compiler 项，在右侧的选项卡中选择 Preprocessor，如图 26-18 所示。下面着重介绍 Defined symbols 对话框中各个预定义宏的含义。

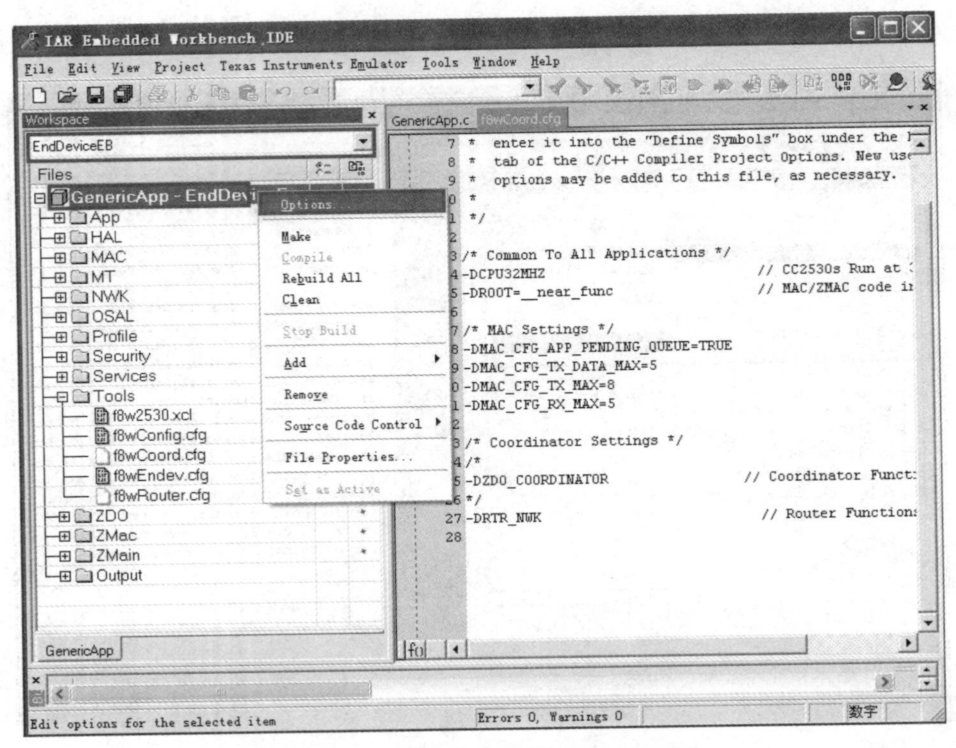

图 26-17 生成目标切换到 EndDeviceEB

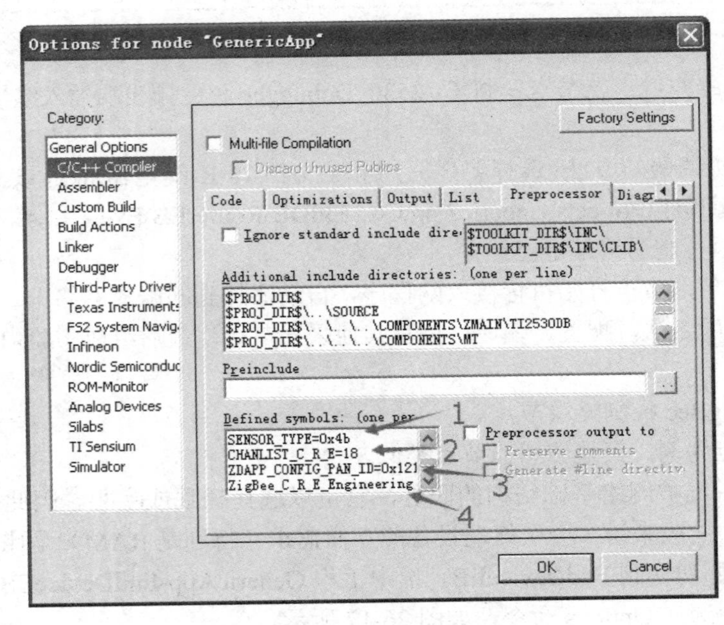

图 26-18 Defined symbols

箭头 1：传感器类型选择。

SENSOR_TYPE=0x4B。继电器的类型为 0x4B，多合一控制类型为 0x09。

箭头 2：选择信道。

CHANLIST_C_R_E=18，信道范围为 11～26。同一网络内信道必须选择相同，不同信道互不干扰。

箭头 3：PAN_ID 设置。

ZDAPP_CONFIG_PAN_ID=0x1212。当 PAN_ID 设置为 0xFFFF 时，路由器和终端节点可以加入同一信道的网络，PAN_ID 和网络协调器相同，并保持不变，当 PAN_ID 设定为其他值时，路由器 PAN_ID 采用当前值，并只能加入同一信道同一 PAN_ID 的网络。

箭头 4：传播模式。

ZigBee_C_R_E_Engineering：广播模式。

xZigBee_C_R_E_Engineering：点对点模式。

箭头 5：IEEE 地址选择。

ZigBee_C_R_E_IEEE：数据帧格式末尾添加 8 个字节 IEEE 地址，此时为长地址模式。

xZigBee_C_R_E_IEEE：数据帧格式末尾不再添加 8 个字节 IEEE 地址，此时为短地址模式。

箭头 6：传感器短地址字段设置。

SENSOR_TYPE_R_E=0x01：宏定义前无 x 时，节点短地址的高 8 位默认为 0x01，低 8 位为 SENSOR_TYPE 宏定义的值。

xSENSOR_TYPE_R_E=0x01：宏定义前加 x 后，传感器节点的短地址由父节点自动分配。

注意：此处由 SENSOR_TYPE_R_E 和 SENSOR_TYPE 定义的短地址，非真实的短地址，而是标号地址，而且必须是 ZigBee_C_R_E_Engineering 广播模式才可正常通信。

为保证该节点能与协调器正常通信，将该节点的信道设置为 18，PAN_ID 设置为 0x1212，通信方式为广播模式，这样就可保证节点与协调器正常通信。

注意：建议将地址设置为长地址模式。

3）在 Category 框中，选择 Linker 项，在右侧的选项卡中选择 Output，在该选项内选择下载烧写方式，并为可执行文件命名，如图 26-19 所示。

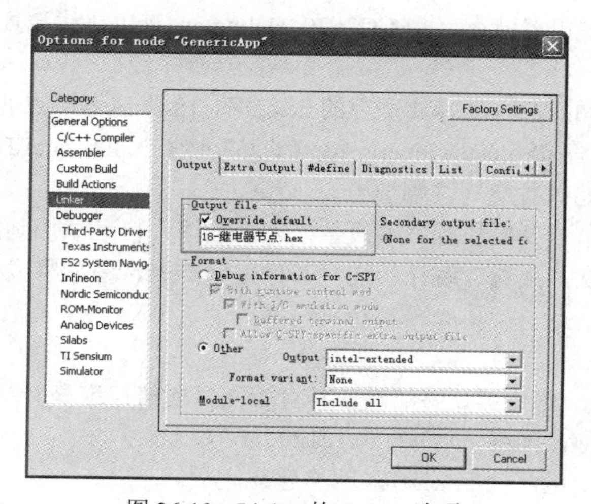

图 26-19 Linker 的 Output 选项

4）重新编译工程，生成针对类型为 0x4B 继电器节点的 hex 文件，如图 26-20 所示。

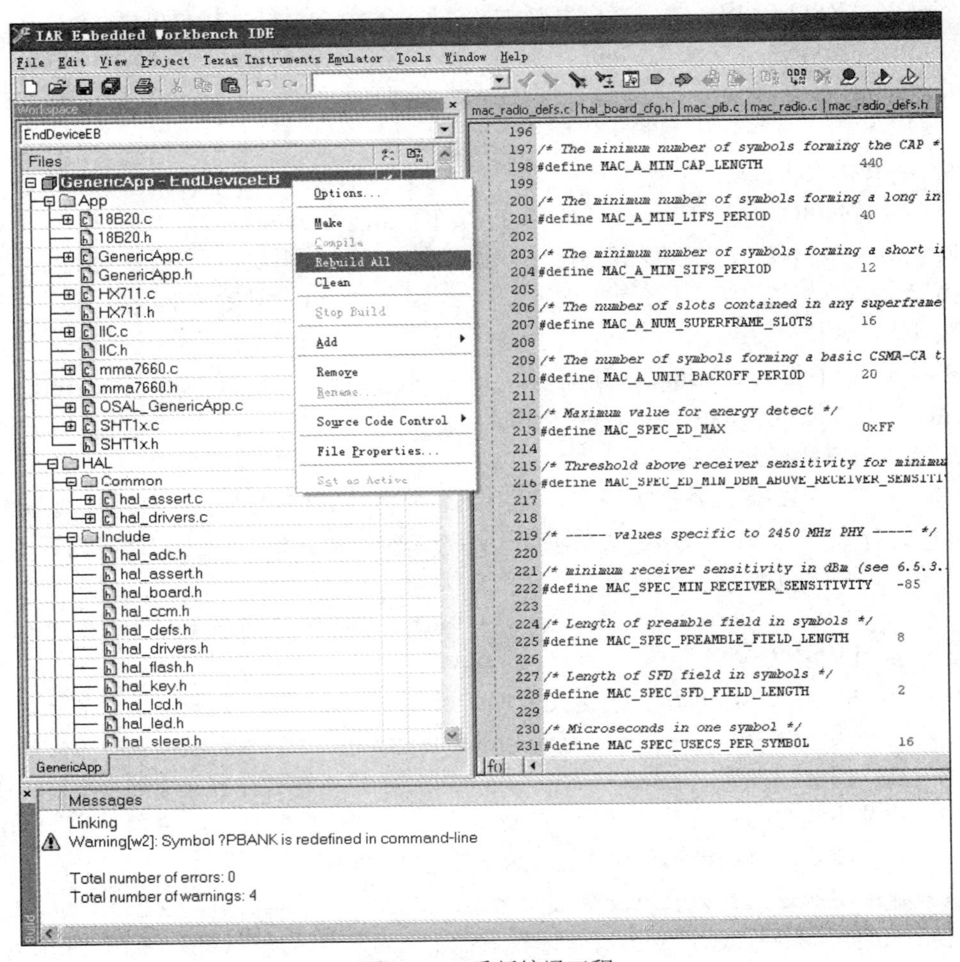

图 26-20 重新编译工程

5）连接仿真器与继电器节点，将 CC2530 Debugger 灰色排线端插入继电器节点的 10 芯防插反烧写座上。

6)按照烧写协调器的方法,选择要烧写的 hex 文件 18-继电器节点.hex,该文件位于“ZStack 传感器透明传输源程序\Projects\GenericApp\CC2530DB\EndDeviceEB\Exe” 目录下，单击 Perform actions 按钮开始执行烧写终端节点。

7）烧写完成后，节点开始执行终端设备接入网程序，自动添加到匹配的网络中。

8）按照同样的方法，配置、编译、烧写其他采样节点，最后组成实验内容中展现的星形网络拓扑结构。

（5）组网。

该实验针对协调器、路由器、终端设备具有相同的通信信道和网络标识符 PAN_ID（本例中，信道均为 18 号信道，网络 ID 均为 0x1212）。

1）保持协调器先上电，确保 ZigBee 网络建立完成。

2）此时路由器节点或终端设备再上电，那么这些设备会自动添加到已经建立成功的

ZigBee 网络中。

3）路由器、终端节点上的 D1 闪烁三次后，D2 紧接着闪烁一次，同时协调器上的 D5 也闪烁一次，说明路由器、终端节点成功添加到网络中。

6．实验效果

（1）设置串口调试工具。

打开计算机上的串口调试工具，设置串口 COM1（根据情况选择），波特率为 38400，校验位为 NONE（无校验位），8 位数据位，1 位停止位，选中“十六进制显示”复选框。

（2）上位机向协调器发送查询继电器节点的命令。

协调器通过串口接收到上位机的命令后，向网络中的所有节点发送该命令，类型为 K（0x4B）的继电器节点返回一组数据帧，携带了该继电器节点短地址、状态、IEEE 地址等信息。

1）继电器节点是路由器设备类型时，返回的应答如图 26-21 所示。

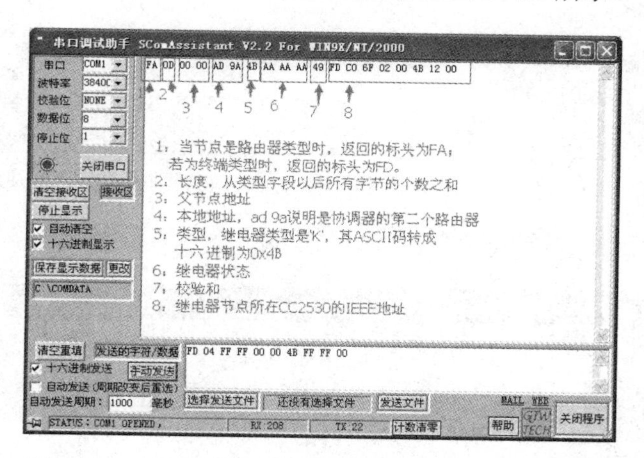

图 26-21 继电器节点是路由器设备类型时，返回的应答

2）继电器节点是终端设备类型时，返回的应答如图 26-22 所示。

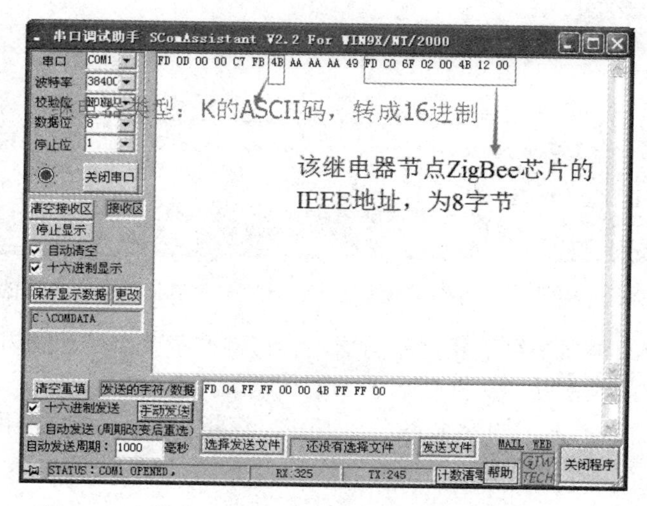

图 26-22 继电器节点是终端设备类型时，返回的应答

（3）上位机向协调器发送控制继电器打开或关闭的命令。

1）当继电器节点是路由器设备类型，接收到控制命令时，返回的应答如图 26-23 所示。

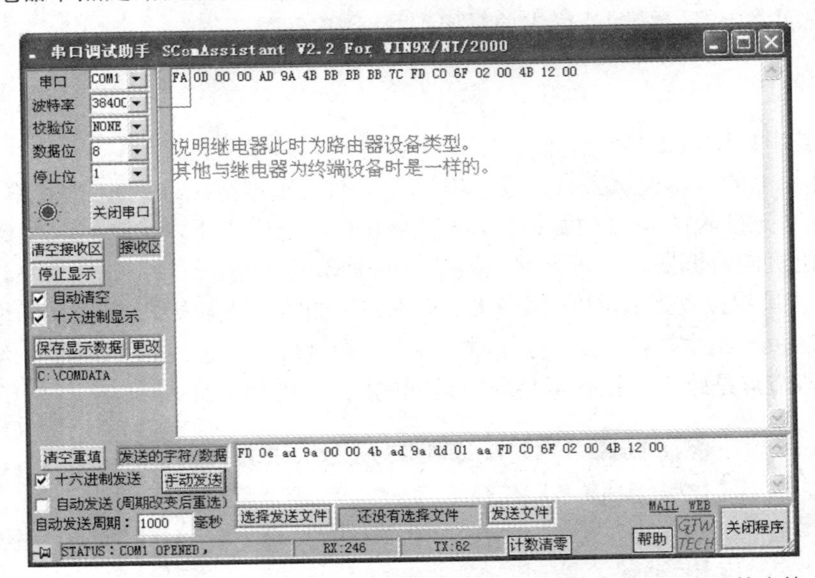

图 26-23 继电器节点是路由器设备类型，接收到控制命令时，返回的应答

2）当继电器节点是终端设备类型，接收到控制命令时，返回的应答如图 26-24 所示。

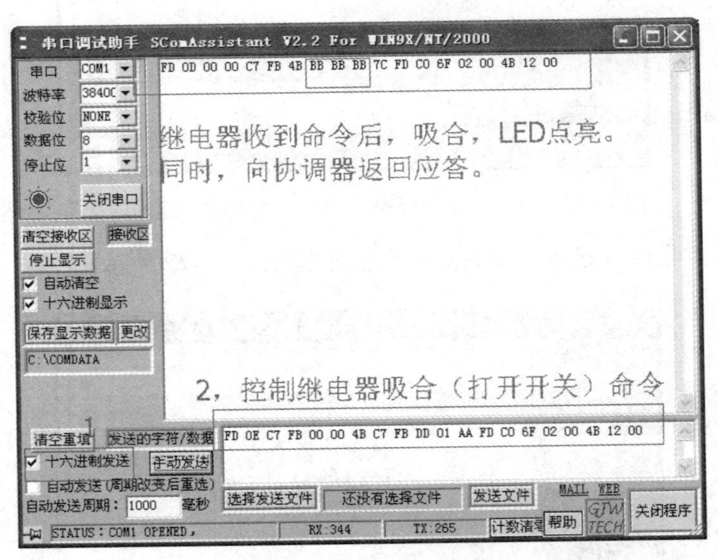

图 26-24 继电器节点是终端设备类型，接收到控制命令时，返回的应答

由此可见，不论继电器是终端还是路由器，其查询搜索节点、控制节点的方法是一样的，只是返回的标头不同，仅借助标头区别设备类型。

继电器执行吸合命令时，如果节点上无 LED 灯指示，可以听到继电器吸合时发出的“啪”声。

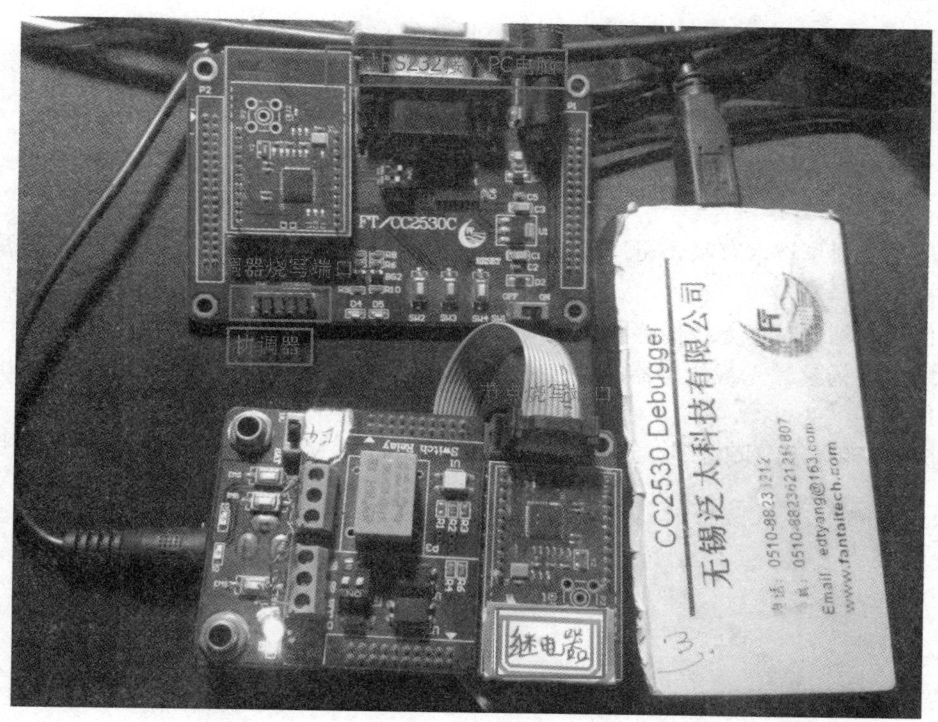

图 26-25　部件连接图

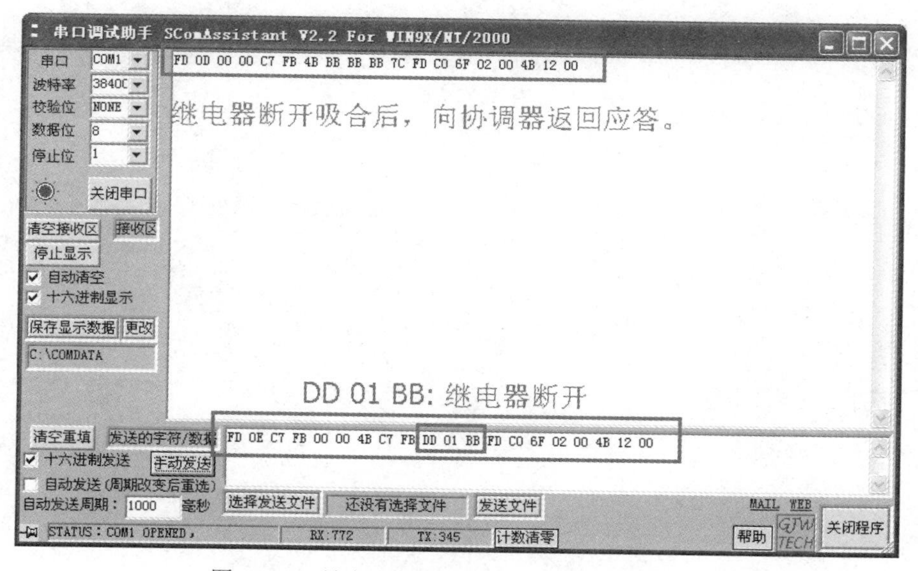

图 26-26　继电器断开后，向协调器返回的应答

此时，继电器上的 LED 灯就关闭了，或者可以听到继电器发出的“啪”声。

备注：其他控制器设备编译、烧写、使用的方式与继电器节点的类似，此处不再赘述。

参考文献

[1] 青岛东合信息技术有限公司．ZigBee 开发技术及实践[M]．西安：西安电子科技大学出版社，2014．

[2] 刘传清，刘化君．无线传感网技术[M]．北京：电子工业出版社，2015．

[3] 杨琳芳，杨黎．无线传感器网络技术与应用项目化教程[M]．北京：机械工业出版社，2017．

[4] 余成波，李洪兵，陶红艳．无线传感器网络实用教程[M]．北京：清华大学出版社，2012．